초등 공부
지속력

힘들어도 끝까지 해내는 아이는 무엇이 다를까

초등 공부 지속력

임민찬 지음

카시오페아
Cassiopeia

초등 공부 지속력이
왜 중요한가?

2천 명의 초등학생을 지도하며 발견한
공통적인 문제점

지난 몇 년 동안 2천 명이 넘는 초등학생을 온라인과 오프라인에서 만나 왔습니다. 그 과정에서 수많은 초등학생에게 보이는 공통된 특징 중 하나가 바로 '공부 지속력의 부족'이었습니다. 수업을 들을 때는 집중을 잘하는 듯 보이지만, 혼자서 숙제를 할 때는 10분도 채 지나지 않아 딴짓하는 학생이 많습니다. 차분히 공부하지 못하고, 공부하는 도중에 자꾸만 물을 마시러 가고, 화장실에 다녀오는 등 스스로 집중하지 못하는 학생이 많습니다.

그러다 보니 학교나 학원에서 아무리 수업을 듣더라도, 스스로 골

똑히 생각하며 문제를 풀고 개념을 고민하는 시간이 줄어들고, 학업에도 부정적인 영향을 줍니다. 아무리 학원을 많이 다니고 문제집을 많이 풀어도 성적은 제자리걸음인 것이죠. 특히 초등 때는 엄마가 어떻게든 이끌어 줄 수 있지만, 중학생이 되고, 사춘기가 시작되는 순간, '공부 지속력'이 없는 아이들은 쉽게 무너집니다.

'공부법'보다 중요한 것은
바로 '초등 공부 지속력'

요즘은 공부법이 부족해서 성적이 안 오르는 시대가 아닙니다. 서울 학군지뿐 아니라 지방 비학군지까지 학원, 인터넷 강좌, 유튜브, 교육서가 넘쳐 납니다. 좋은 공부법은 이미 모두에게 '공개된 정보'가 되었습니다. 그래서 예전처럼 "공부법을 몰라서 대학을 못 갔다."라고 말하기 어려운 시대가 되었죠.

그렇다면 결국 무엇이 학생들의 성장을 결정할까요? 바로 '공부 지속력', 즉 '공부를 멈추지 않고 끝까지 해내는 힘'입니다. 아무리 공부가 힘들고 하기 싫더라도, 그 어려움을 견디고, 끈기 있게 버티고, 끝까지 밀어붙이는 힘! 이 힘이 있느냐 없느냐가 초등 이후 학업 격차의 핵심입니다.

왜 '초등 공부 지속력'이
중요한가?

'공부 지속력'은 차분히 앉아서 공부할 수 있는 '집중력', 싫어도 마음을 다잡고 해낼 수 있는 '자기 조절력', 성취를 통해 얻게 되는 '자기 효능감'의 기본 바탕이 됩니다. 이 세 가지는 아이의 학교 성적뿐 아니라 성인기의 학습에까지 영향을 미치는 핵심 능력이며, 초등 학부모님이 아이에게 공부를 시키는 본질적인 목적이기도 합니다.

초등 때 '공부 지속력'을 쌓지 못하면 중학교 때 성적이 급격히 떨어집니다. 중학교에 올라가고, 아이의 사춘기가 시작되면, 더 이상 부모가 옆에 붙어 챙겨 줄 수도 없습니다. 그리고 초등 시기보다 과목 수도 늘고, 공부해야 할 분량도 훨씬 늘어납니다. 초등 때 '공부 지속력'이 단단히 자리 잡지 않으면 중고등 6년을 버티기 쉽지 않습니다. 게다가 공부는 학생일 때만 하는 게 아닙니다. 성인이 되어도 직장과 가정에서 공부는 계속됩니다. 초등 시기에 형성된 지속력은 아이의 평생 공부 능력의 뿌리가 되는 것입니다.

'공부 지속력'은 단순히 초등 때 학원 다니고 문제집만 푼다고 저절로 길러지는 게 아닙니다. '공부 지속력'은 초등 때부터 쌓아 온 공부 습관과 태도가 만드는 것이며, 이를 위해서는 초등 학부모님이 초등 시기 아이의 공부 습관과 태도 형성에 공을 들여 주셔야 합니다.

초등 공부의 목적은 '먼저 가기'가 아니라 '끝까지 버티는 힘을 만드는 것'입니다. 초등 때부터 무리한 학습을 하다가 결국 고등 때 지치거나 사춘기를 거치면서 어긋나는 학생도 많습니다. 그건 공부의 기본이 되는 '공부 지속력' 없이 그저 시키는 대로만 공부했기 때문입니다. 중고등 때도 공부를 잘하는 학생들의 공통점은 바로 '공부 지속력'이며, 이 '공부 지속력'은 초등 때 만들어집니다. 초등 때 '공부 지속력'을 잡아 줘야 중고등 때 자기 주도 학습을 하는 아이로 성장할 수 있습니다.

이러한 '초등 공부 지속력'은 '부모의 올바른 공부 인식'(1장), '아이의 습관'(2장), '교과별 맞춤 전략'(3장), '부모의 말하기 태도'(4장), 이 네 가지가 갖춰질 때 완성됩니다. 이 책에는 아이의 평생 공부 기반인 '초등 공부 지속력'을 단단히 다질 수 있는 확실한 방법과 사례가 모두 담겨 있습니다. 자, 이제 이 책과 함께 아이의 '초등 공부 지속력'을 만들어 봅시다!

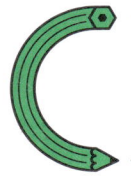

차례

1장

공부 지속력은 초등 때 기초를 잡아야 합니다

2장

공부 지속력을 형성하려면
공부 습관부터 잡아야 합니다

3장

공부 지속력은
교과별로 다르게 접근해야 합니다

4장

공부 지속력을 키우려면 부모의 말하기부터 달라야 합니다

1장

공부 지속력은
초등 때
기초를 잡아야 합니다

이제 초등학교에 들어간 아이를
중고등학생처럼 대하지 마세요

처음부터 완벽하게 공부하는
아이는 없습니다

아이가 공부할 때 자꾸 딴짓을 해서 화가 나시나요? 아이가 수학 문제를 풀 때 계속 실수를 해서 화가 나시나요? 엄마나 아빠가 시키는 공부만 하려고 하고, 아이 스스로 찾아서 공부하려고 하지 않아 화가 나시나요?

저는 초등 학부모님이 이런 상황에서 화를 내시는 게 많이 속상합니다. 우리 아이들은 이제 겨우 초등학생입니다. 초등 아이는 아직 모든 게 서툴고 낯섭니다. 직장인으로 따지면 신입 사원인 셈입니다. 만약 직장 상사가 신입 사원의 작은 실수도 용납하지 않고 계속해서 화를 낸다면 그 사원은 도저히 버텨 낼 수 없을 것입니다. 초등 아이도 마찬가지입니다. 초등학생에게는 수학도 영어도 교과서도 문제집도 시험도 모두 다 처음입니다. 그런데 초등 학부모님은 어느새 그 시절을 다 잊으시고 아이들을 마치 중고등학생처럼 바라보는 경우가 많더라고요. 그래서 처음부터 아이가 완벽하게 공부에 집중하길 바라시고, 아이가 완벽하게 문제를 풀길 바라시고, 아이가 자기 주도적으로 공부하길 바라십니다.

그런데 그게 초등 아이에게 가능한 일일까요? 절대 그렇지 않습니다. 공부 실력이란 수많은 실수와 실패를 경험하면서 만들어지는 것이지, 초등 때부터 완벽한 학생은 없습니다. 우리 아이가 아직 잘하지 못한다고 해서 조급해할 필요가 하나도 없습니다.

초등 공부 지속력 형성을 위해
선행되어야 할 것

아이의 공부 지속력 형성을 위해 가장 먼저 이루어져야 할 것은 바로 학부모님의 인식 변화입니다. 그중에서도 가장 중요한 것은, 우리 아이가 아직 초등학생이라는 사실을 인정하는 것입니다. 중학생도, 고등학생도 아닙니다. 이제 막 공부라는 걸 시작한 초등학생이라는 사실입니다.

평소에 우리 아이가 초등학생이라는 점을 떠올린다면 공부하는 아이에게 좀 더 부드럽고 다정하게 설명해 줄 수 있을 것입니다. 아직은 공부가 서툰 아이에게, 학부모님이 공부 선배로서 좀 더 친절하게 알려 주시면 좋겠습니다. 물론 아이들이 공부하는 모습을 보면 답답한 부분도 많겠지만, 답답하다는 이유로 짜증 내고 화내면 공부 지속력 형성에 좋을 게 하나도 없습니다. 아직 왜 공부를 해야 하는지도 모르는 상태에서, 부모님께 공부로 혼나는 상황만 반복된다면 공부 지속력은 생겨날 수 없습니다.

초등 아이 공부 실수, 혼내지 말고 차근차근 알려 주세요

아이가 친구를 때리거나 어른들한테 예의 없이 행동한다면 따끔하게 혼을 내거나 화를 낼 수 있습니다. 부모로서 아이가 잘못한 부분에 대해서는 그렇게 훈육할 수 있죠. 그렇지만 공부를 못한다고 혼내거나 화내지는 않으셨으면 좋겠습니다. 아이가 공부를 못하는 건 잘못이 아닙니다. 아직 초등학생이라 서툴고 낯설고 어려울 뿐이죠. 잘못이 아니니 혼날 일이 아닙니다.

아이가 어렸을 때 이 닦는 방법을 모르면 부모님이 수십 번, 수백 번을 반복하면서 그 방법을 알려 주셨습니다. 혼자 양말을 못 신을 때는, 부모님이 수십 번, 수백 번을 반복하면서 그 방법을 알려 주셨고요. 그런데 유독 공부에 있어서는 아이의 실수를 용납하지 못합니다.

초등 아이가 연산 실수를 한 게 혼날 일일까요? 아닙니다. 원래 초등 시기는 끊임없이 실수하며 배워 나가는 시기입니다. 실수 없이 완벽하게 해내는 건 고등학교 내신 시험 볼 때나 필요한 것이고, 초등 때는 아직 경험이 부족하니 당연히 실수할 수 있는 것입니다. 혼낼 일이 아니고, 화낼 일이 아니라는 겁니다. 아이가 공부하면서 집중을 못 하는 게 혼날 일이라고 생각하시나요? 아닙니다. 아직 초등학생이라 집중력이 부족한 것이죠. 집중력이 부족해서 집중하지 못하고 있는 아이인데, 무작정 화를 내는 것은 문제 해결에 전혀 도움이 되지 않습니다.

물론 부모로서 아이가 자꾸만 공부할 때 반복적으로 실수하고, 집중하지 못하는 모습을 보면 화가 날 수 있습니다. 하지만 화가 난다고 해서 매 순간 정말 화를 내 버린다면 그건 성숙한 어른의 모습이 아닐 것입니다. 공부 태도가 '화'로 해결 가능한 거였다면, 전교 1등 학생의 엄마는 우리나라에서 가장 많이 화를 내는 엄마일 것입니다. 하지만 화를 내는 것만으로 모든 게 해결되지는 않죠.

그러므로 앞으로 공부에 있어서는 최대한 감정을 빼고 아이를 대해 주시면 좋겠습니다. 아이가 문제를 풀다가 실수를 했다면, 왜 그걸 틀리냐며 답답하다는 듯이 인상을 쓰고 감정을 드러내기보다는, 담담하게 다시 한번 실수를 짚어 주시고 문제를 꼼꼼히 읽는 방법을 알려 주세요. 마치 선생님이 되었다는 마음가짐으로요.

학부모님들도 초등 때 실수를 많이 하셨을 겁니다. 원래 실수하면서 배우는 게 공부죠. 실수는 잘못이 아닙니다. 아직 경험이 부족하다는 증거일 뿐입니다. 아이는 아직 중고등학생이 아니니 실수가 반복될 수밖에 없습니다. 이때 부모의 역할은 감정을 덜어 내고 실수에 대해 반복적으로 짚어 주고 올바른 방법을 안내해 주는 것입니다.

공부에 있어서 화를 낸다고 해서 끝내 해결되는 건 없습니다. 오히려 나중에 후회만 남습니다. 아이에 대한 미안함이 남고, 결국 다시 사과하고 화해하며 마무리가 되죠. 공부에 있어서 화는 절대로 해결책이 아닙니다. 그저 먼저 공부해 본 선배로서 부모가 아이에게 올바른 방법을 끊임없이 반복적으로 알려 줄 필요가 있습니다. 그게 결국 가장 본질적으로 아이의 공부에 도움을 주는 방향이며, 우리 아이의 초등 공부 지속력을 만들어 가는 첫걸음이 될 것입니다.

공부 잘하는 아이들도 공부할 때는
오만상을 다 씁니다

공부는 원래 웃으면서
하는 게 아니다

초등 학부모님과 공부 관련 상담을 하다 보면 요즘 아이가 공부할 때마다 자꾸 짜증을 내서 걱정이라는 이야기를 많이 듣습니다. 예전에는 엄마가 공부를 시키면 곧잘 하던 아이가, 어느 순간부터 공부할 때 짜증을 낸다는 것입니다. 공부할 때마다 하기 싫다는 말을 반복하고, 문제가 어렵다는 이유로 부모님한테 화풀이를 하고, 인상을 쓰고, 끙끙대는 모습을 보이는 것이죠. 그러한 모습을 보고 있자면 지치거나 답답하기도 하고, 혹시 아이에게 맞지 않는 공부를 시키고 있는 건 아닌지 걱정이 들기도 할 것입니다. 그래도 아직 초등학생인데, 공부를 좀 더 즐겁게 웃으면서 하길 바라는 마음이 있으실 테죠.

하지만 여러분, 공부는 원래 웃으면서 하는 게 아닙니다. 공부를 잘하는 학생들은 웃으면서 공부할 거라고 생각하시나요? 아닙니다. 아무리 공부를 잘하고 머리가 좋은 학생이라고 해도 공부할 때만큼은 화도 내고, 인상도 쓰고, 짜증도 내고, 끙끙대기도 하면서 진지하게 공부합니다. 공부는 원래 그런 것입니다. 공부는 재미로 하는 게 아니라 자신의 머리에 지식을 채워 넣고 나 자신을 한층 더 성장시키는 굉장히 진지하고 차분한 과정입니다. 웃음이 필요한 과정이 아닌 것이죠. 원래 공부는 그러한 진지한 태도로 임하는 게 맞습니다. 물론 우리 아이가 웃는 모습을 보길 바라시겠지만, 웃으며 공부해야만 공부 지속력이 만들어지는 게 아니라는 것입니다.

올바른 공부 지속력이란, 공부가 재미가 없고 힘들더라도 그걸 이겨 내는 태도를 배우는 것이지, 무조건 공부를 재미있게 웃으면서 하는 게 아닙니다. 그러니 앞으로는 아이가 공부하면서 짜증을 내고 화를 내는 모습을 보이면, 비정상적이라고 오해하실 필요가 없습니다. 그 모습은 지극히 자연스러운 모습이고, 오히려 공부 지속력을 위한 밑바탕이 올바르게 잡혀 가고 있다는 긍정적이고 분명한 신호로 볼 수 있다는 점을 잊지 마세요.

누군가에게 평가를 받는다는 것

초등 학부모님 중에서는 본인의 학창 시절을 후회하시는 분이 꽤 많습니다. '나는 왜 초등학생 때 공부를 즐겁게 하지 못했을까?', '다시 그때로 돌아갈 수 있다면 좀 더 열심히 공부할 텐데.', '인생을 살아 보니 그래도 부모의 지원을 받으면서 공부할 때가 즐겁고 행복한 거였구나.'라는 생각을 부모가 되고 나서 하는 분들이 많아요.

그리고 어른이 되어 아이의 초등 문제집을 살펴보니 은근 그 내용이 재밌고 어렵지 않고 흥미롭게 느껴지는 분들도 있으시죠. 아니면 요즘 같은 시대에는 영어가 중요하니까 초등학생 시절로 돌아가면 영어만큼은 좀 더 즐겁게 배워야겠다고 아쉬움을 드러내기도 합니다. 그러다 보니 우리 아이는 아직 입시가 본격적으로 시작되지 않은 이 초등 시기만큼이라도 공부를 좀 더 즐겁게, 좀 더 웃으면서 하길 바라는 마음을 가지게 되는 것이죠.

그런데 이런 학부모님께 제가 "그럼 다음 주 월요일에 시험을 볼 테니 이 문제집으로 열심히 공부하고 오세요."라고 말을 하는 순간 학부모님의 표정은 순식간에 바뀌고 거부감을 느낄 것입니다. 이게 정말 중요한 포인트입니다. 왜 초중고 학생들이 공부를 즐겁게 하는 게 어려운 걸까요? 바로 '시험'이 있기 때문입니다.

어른이 된 지금도 누군가한테 평가를 받는다는 건 그리 기분 좋은 일이 아닙니다. 그런데 아직 너무나도 어린 초등 아이들은 초등 때부터 공부 과정 속에서 끊임없이 누군가의 평가를 받아야 합니다. 수학은 사고력을 넓혀 주는 유익한 학문이니 아이가 즐겁게 했으면 좋겠다고요? 아니죠. 아이가 수학 문제를 푸는 순간, 엄마와 학원 선생님이 그게 맞았는지 틀렸는지 채점을 합니다. 한 단원이 끝나면 학교에서 단원 평가를 보고, 중고등 시기가 되면 중간고사, 기말고사를 봅니다. 끊임없이 누군가의 평가를 받아야 하는 상황인데, 과연 공부를 즐겁게 하는 게 가능할까요? 그렇지 않다는 것입니다. 우리 어른들은 시험을 보지 않아도 되니 초등 공부가 쉽고 재밌게 느껴지겠지만, 아이들은 늘 누군가에게 평가받는 상황에 놓여 있고, 이런 상황 속에서 공부를 마냥 웃으면서 하는 건 불가능이 가깝다는 걸 꼭 알아주시면 좋겠습니다.

공부가 재미있어지는 방법

그렇다면 아이가 공부를 재미있게 하는 방법은 무엇일까요? 정답은 바로 '공부를 잘하는 것'입니다. 공부는 재미있어서 시작하는 게 절대 아닙니다. 처음은 누구나 재미없고 힘든 게 공부예요. 그런데 그 힘든 마음을 참고 열심히 공부하다 보면 언젠가부터는 친구들의 인정, 선생님의 칭찬, 좋은 성적 등 성취를 느끼게 되는 순간이 찾아옵니다. 자신이 공부를 잘한다는 생각이 드는 순간부터는 공부가 재미있어지는 거예요. 공부 자체가 재미있는 게 아니라, 공부로부터 오는 주변 반응이 재미있는 것이고, 그게 공부의 원동력이 되는 경우가 많아요. 전교 1등인 학생은 공부가 즐거울까요? 아닙니다. 공부할 때는 오만상을 다 쓰면서 힘들어하고 짜증도 나고 합니다. 그런데 전교 1등을 했을 때 오는 주변의 반응, 그로 인한 성취감, 그걸 다시 한번 느끼고 싶은 거예요. 그걸 놓치기 싫어서 공부를 열심히 하는 것이죠.

이게 바로 핵심입니다. 일단 공부는 아이에게 '납득'을 시키는 영역이 아니라, 해야 함을 알려 주는 '지시'의 영역에 가깝습니다. 그리고 공부는 재미있어서 열심히 하는 게 아니라, 꾸준히 매일 열심히 하다 보니 공부가 재미있어지는 것입니다. 꼭 기억해 주세요. 공부가 재미있는 학생이 공부를 잘하는 게 아니라, 공부를 잘하게 되니까 공부가 재밌는 거라는 사실을요. 우리 아이가 그렇게 되려면 힘들더라도 아이가 기초부터 차근차근 공부해 나갈 수 있도록 도와주어야 합니다.

공부로 짜증 내는 아이에게
학부모가 해야 할 역할

아이가 공부하면서 끙끙대고 힘들어하는 모습을 지켜보며 견디지 못하거나, 그 모습을 너무나 안쓰럽다고 생각하면, 공부를 시킬 수가 없습니다. 앞서 말한 것처럼 공부는 원래 재미없는 것이고, 그렇게 끙끙대는 과정 속에서 실력이 느는 게 공부니까요. 단, 아이가 공부 때문에 힘들다는 그 감정을 속으로만 가지고 있다가 나중에 한순간에 중고등 공부를 다 놓아 버리지 않도록, 그때마다 "요즘 공부가 힘들다.", "수학 숙제가 어렵다."와 같이 공부에 대한 자신의 감정을 말로 직접 표현할 수 있게 해야 합니다. 그걸 아이가 표현해 줘야 학부모님도 아이의 마음을 알 수 있게 되는 것이고, 아이의 정신 건강에도 훨씬 좋습니다.

그러니 앞으로는 공부를 하면서 짜증 내는 아이에게, "공부하면서 짜증 내지 마! 툴툴거리지 마! 투정 부리지 말고 그냥 좀 해!"처럼 짜증을 표현하지 못하도록 막지 않으시면 좋겠습니다. 대신 "공부하느라 힘들지? 그래도 힘내서 해 보자.", "어려웠겠지만, 그래도 이것만 다 하면 오늘 할 거 끝나네? 얼마 안 남았으니 열심히 집중해서 해 보자.", "늦은 시간까지 대견하네. 이 간식 먹으면서 힘내 보자."와 같이 아이에게 힘이 되어 주는 말을 해 주시면 좋겠습니다.

물론 누군가의 짜증을 계속해서 들어주는 게 결코 쉬운 일이 아니라는 것을 압니다. 그렇다고 해서 공부하느라 힘든 아이의 입을 막기보다는, 아이가 공부하면서 짜증 내는 소리를 듣기 힘들다면, 차라리아이가 숙제하는 시간에 밖에 잠깐 나가 장을 보거나 운동을 하거나, 집에서 헤드폰을 끼고 음악을 듣는 등 그 소리를 피하는 게 더 낫습니다. 공부는 원래 웃으면서 하는 게 아니라는 사실을 받아들이는 것이 아이의 공부 지속력을 만들어 가는 데에 무엇보다 중요하다는 걸꼭 기억해 주세요.

과목 하나 때문에 아이와 다투면 공부 지속력은 바닥을 칩니다

점점 균열이 생기는 엄마표 공부

엄마표 공부의 좋은 점은 사교육비를 아낄 수 있다는 점과 아이 성향을 가장 잘 알고 있는 부모가 직접 공부를 시킬 수 있다는 점입니다. 그래서인지 초등 시기에는 엄마나 아빠가 아이들에게 직접 문제집을 풀게 하고 가르치는 경우가 많습니다. 이렇게 하면 돈도 아끼고 이동 시간도 아끼고 아이와 더 많은 시간을 함께할 수 있죠. 이론상으로는 그렇지만, 현실은 전혀 다릅니다. 초등학교 저학년 때까지는 엄마표 공부가 잘되던 집들도 어느 순간부터 점점 균열이 생기게 됩니다.

예를 들면 이런 것이죠. 초등학교 3학년 때까지는 집에서 엄마표로 수학을 이끌어 주었습니다. 그런데 요즘 들어 엄마가 문제를 풀라고 해도 아이가 거부하기 시작하고, 엄마가 개념 설명을 해 줘도 아이가 그 설명을 잘 알아듣지 못하고 어려워하고, 그러다 보니 자꾸만 아이랑 수학 때문에 서로 얼굴을 붉히고 싸우는 집이 많습니다. 이렇게 특정 과목으로 아이와 다툼이 반복된다면, 그 과목에 대한 아이의 공부 지속력은 당연히 낮아질 수밖에 없습니다.

제대로 된 엄마표 공부를 하려면

아이와의 갈등 없이 엄마표 공부를 지속하고 싶다면, 공부를 가르치는 순간만큼은 '엄마'가 아닌 '선생님'이 되었다는 마음으로 아이를 대해야 합니다.

만약 여러분이 아이의 선생님이었다면, 아이가 어떤 개념을 이해하지 못하고 실수를 했다고 해서 곧바로 감정적으로 소리를 지르거나 화를 냈을까요? 아닙니다. 선생님이었다면, "어떤 부분에서 이해가 안 된 거야?", "이런, 실수를 했구나! 실수를 안 하려면 이런 방법으로 한번 해 보자.", "이걸 어려워하니 좀 더 연습을 해 볼까?"처럼 따뜻한 말투로 아이가 어려워하는 부분을 파악하고 차분하게 이끌어 주셨을 것입니다.

엄마표 공부는 결코 쉬운 게 아닙니다. 학부모님이 초등 아이를 엄마표로 이끌겠다고 하면, 앞서 말씀드린 것처럼 정말 여러분이 선생님이 되겠다는 마음으로 감정을 절제하고 이성적이고 객관적으로 아이를 대할 줄 알아야 합니다. 제가 이렇게 말씀드리면, 어떤 학부모님들은 '너무 비현실적이다.'라며 회의적인 시선을 보내시지만, 실제로 엄마표 학습이 잘 되는 집의 공통점은 엄마가 실제로 이렇게 선생님이 되었다는 마음으로 아이의 학습을 대한다는 것입니다. 그렇기 때문에 아이의 학습에 감정적으로 대하지 않고 진도도 밀리지 않게 체계적으로 이끌어 주실 수 있는 것이죠. 그게 안 되는 순간, 자꾸만 엄마로서의 자아가 엄마표 공부를 시킬 때에도 튀어나오게 되고, 생활 속 잔소리를 함께 곁들이게 되면서, 점점 균열이 생기게 되는 것입니다. 그리고 이러한 균열은 그 과목에 대한 공부 지속력에 있어서도 결코 좋지 못하다는 걸 아셔야 합니다. 부모님과 아이가 공부로 다투게 되면, 아이는 '부모님'을 싫어하게 되는 게 아니라, 내가 사랑하는 엄마, 아빠와 나를 싸우게 만드는 '공부'를 싫어하게 된다는 사실을 잊지 마세요.

특정 과목으로 자꾸 아이와 싸울 때의
현실적인 해결책

아이와 이미 특정 과목에 대해 최근 들어 반복적으로 싸우고 있다면, 이제 엄마표의 역할은 모두 끝났고, 외부의 도움을 받을 시기가 되었다는 결정적인 신호일 것입니다. 아이가 학원을 거부하고 싫다고 해도 마음 약해지지 말고 아이에게 보상을 주는 한이 있더라도 학원에 보내거나 인터넷 강의를 활용하는 등 외부의 도움을 받도록 하는 게 장기적으로는 아이의 공부 지속력을 지키는 길입니다. 단기적으로는 아이가 학원에 가기 싫다고 하고, 때로는 울기까지 하니 마음이 쉽게 약해질 수 있습니다. 하지만 이렇게 마음이 약해져서 다시 엄마표 공부를 해 봤자 결국 몇 주만 지나면 또다시 싸우게 될 것입니다.

아이의 성향에 따라 단체 진도를 나가는 학원과 소규모 혹은 일대일로 개별 진도를 나가는 학원 중 어떤 게 맞을지, 현행 심화 위주의 학원과 선행 위주의 학원 중 어떤 게 맞을지 등을 고민해 보시고 아이에게 맞는 학원을 찾아서 보내 주세요. 처음에는 학원을 낯설어하기도 하지만, 한두 달만 지나면 금세 적응합니다. 그리고 설령 처음 다니기 시작했던 학원이 아이와 맞지 않았다 하더라도 다녔던 시간과 들인 돈이 아깝다고 생각할 필요 없습니다. 그러한 시행착오를 거치면서 아이에게 맞는 학원을 찾아 나가는 것입니다. 이미 아이가 공부 습관이 잘 잡혀 있거나, 부모님이 옆에서 아이의 공부 모습을 보면서 이끌어 주고 싶으시다면 인터넷 강의도 하나의 선택지가 될 수 있습니다.

더 이상 엄마표로 이끌어 주지 못하고 있다는 신호를 받게 되면, 학원이든 인터넷 강의든 외부의 도움을 받도록 하는 게 오히려 아이의 공부 지속력을 지키는 길이자, 부모와 아이와의 관계를 개선하는 현실적인 방법이라는 걸 잊지 않으시면 좋겠습니다.

지나고 보니
어머니에게 감사한 것

제가 전남 목포에서 서울에 있는 중앙대 의대에 합격했다고 하면 어머니가 전 과목에 직접 관여했을 거라고 생각하시는 분들이 많습니다. 하지만 저희 어머니는 그렇지 않으셨습니다. 어머니는 문과적인 성향이셨기 때문에, 수학이랑 과학은 제가 초등 때부터 학원에 다니면서 전문적인 선생님의 설명을 듣고 제대로 배울 수 있도록 해 주셨습니다. 덕분에 저는 초등 때 어머니랑 수학, 과학으로 싸울 일이 거의 없었습니다. 어머니가 직접 개념을 알려 주거나 문제를 풀어 주지 않으셨기 때문입니다. 대신 어머니는 독서를 좋아하셨고 국어를 잘하셨기 때문에, 독서와 국어 교육만큼은 어머니가 책임지고 이끌어 주셨습니다.

그러한 부분이 제가 어머니에게 가장 감사하게 생각하는 부분입니다. 무리해서 전 과목을 직접 맡으려고 하지 않고, 선택과 집중을 하셨기 때문에 저는 특정 과목을 두고 부모님과 크게 다투는 일이 없었습니다. 대신 제가 수학, 과학 학원을 다닌다고 해서 아예 손을 놓고 있는 게 아니라, 제가 학원에 잘 다니고 있는지 힘든 건 없는지 늘 물어봐 주시고, 제가 숙제를 잘 따라가고 있는지, 개념 공부를 잘하고 있는지 늘 물어봐 주시면서 보조적으로 이끌어 주셨죠.

그러니 이 책을 읽는 학부모 여러분도 만약 아이와 특정 과목 때문에 자꾸만 다투고 있다면, 과감히 외부의 도움을 받는 걸 선택하시길 추천합니다. 과한 사교육을 권장하는 게 아닙니다. 엄마표 공부를 하려면 단순히 아이의 공부를 좀 봐주는 느낌이 아니라, 부모님이 정말 스스로 '아이의 선생님'이 되었다는 책임감과 의지가 필요하다는 의미입니다. 그리고 그게 어렵다면, 괜히 무리해서 모든 과목을 직접 해보려다가 아이의 공부 지속력에 부정적 영향을 주기보다는, 외부의 도움을 받는 것도 하나의 선택지가 될 수 있음을 기억해 주시면 좋겠습니다.

아이에게 싫어하는 과목이 있는 건 당연한 일입니다

초등 때부터 싫어하는
과목이 있는 아이

많은 초등 학부모님의 걱정 중 하나는 벌써부터 아이가 싫어하는 과목이 있다는 것입니다. 부모 입장에서는 아이가 이제 초등학생밖에 되지 않았으니 모든 과목에 흥미를 가지고 열심히 해 보길 바라는 마음이겠지만, 벌써부터 아이가 수학을 싫어하고, 영어를 싫어하고, 과학을 싫어하는 모습을 보이면 걱정을 많이 하십니다. 그리고 어떻게든 그 과목에 흥미를 붙여 주려고 노력하시지만, 생각보다 그게 쉽지만은 않습니다. 이러다가 정말 그 과목 공부를 못하게 되는 건 아닐지에 대한 우려가 생기게 되는 것이죠.

공부를 잘하는 학생들은
모든 과목을 좋아한다?

혹시 공부를 잘하는 학생들이 모든 과목을 다 좋아한다고 생각하시나요? 아닙니다. 그렇지 않습니다. 공부를 잘하는 학생들이라고 해서 모든 과목을 다 좋아하는 것은 아니에요. 타고난 성향에 따라 유독 잘 맞는 과목이 있는가 하면, 괜히 하기 싫고 손이 잘 안 가는 과목도 있습니다. 그럼에도 이 학생들이 꾸준히 공부할 수 있는 이유는, 모든 과목이 즐거워서가 아니라 싫어하는 과목도 학생이라면 피할 수 없다는 사실을 알고, 해야 할 일은 결국 해내야 한다는 공부 지속력을 어릴 때부터 자연스럽게 익혔기 때문입니다.

결국 공부를 잘한다는 건 모든 과목을 좋아하는 능력보다, 싫은 과목도 끝까지 해내는 공부 지속력이 있다는 뜻입니다. 학부모님들도 학생 때 모든 과목을 좋아하셨나요? 아니실 겁니다. 예체능이 아니었다면 문과 또는 이과였을 거고 분명 좋아하는 과목도 있었겠지만, 유독 힘들었던 과목도 있었을 거예요. 그 과목을 열심히 공부했던 건 좋아해서가 아니라, 싫어도 해야 한다는 걸 알고 있었기 때문에 힘들어도 참고 열심히 했던 것이죠. 그러니 모든 과목을 좋아해야 중고등 때도 공부를 잘할 수 있다고 오해하지 않으시면 좋겠습니다.

싫어하는 과목도
꾸준히 해내는 힘

혹시 좋아하는 과목만 열심히 공부하도록 이끌어 주는 게 공부 지속력을 키워 주는 거라고 생각하시나요? 아닙니다. 진정한 공부 지속력은 싫어하는 과목이 있더라도, 매일 한 페이지라도 좋으니까, 현행만 해도 좋으니까 차근차근 해 나가는 힘을 기르는 과정에서 만들어집니다. 물론 처음에는 아이가 싫어하는 과목을 시켜야 하다 보니 갈등이 있을 수 있겠지만, 그 갈등이 싫어서 아이가 싫어하는 과목을 계속 미뤄 버리면 나중에 더 큰 문제가 생깁니다. 초등 때부터 싫어하는 과목도 꾸준히 해내는 힘을 꼭 길러 주세요. 싫어도 해야 하는 게 있음을 알려 주세요. 그게 바로 진정한 공부 지속력을 갖출 수 있는 방법입니다. 아이들도 처음에는 힘들어하지만, 한두 달 지나다 보면 매일 해야 한다는 것을 인식하고 적응이 될 겁니다. 그걸 믿고 꼭 싫어하는 과목도 잘 이끌어 주시면 좋겠습니다.

독서 없이 공부 지속력 기른다는 건 어려운 일입니다

편독에 대한
학부모님의 걱정

많은 초등 학부모님이 아이의 편독에 대해 걱정이 많으십니다. 아이가 벌써부터 과학 줄글책을 싫어하고, 역사 줄글책을 싫어하고, 특정 분야의 책만 좋아하는 모습을 보이면 걱정하시죠.

그런데 여러분은 모든 책을 좋아하시나요? 모든 드라마를 좋아하시나요? 모든 음식을 좋아하시나요? 아닙니다. 각자 좋아하는 것도 있고, 싫어하는 것도 있을 거예요. 어른들은 이렇게 특정 분야의 책만 좋아하는 걸 편독한다고 손가락질하지 않죠. 어른들 사이에서는 좀 더 예쁘게 '취향'이라는 단어로 표현합니다.

우리 아이들도 마찬가지예요. 초등학생이면 모든 책을 좋아해야 하는 건가요? 아닙니다. 그저 자신의 타고난 취향이 있을 뿐이에요. 독서를 함에 있어 아이가 특정 분야만 좋아하는 건 절대로 걱정거리가 아니에요. 편독은 잘못된 것이 아니고, 독서의 본질적인 목적 역시 모든 책을 무조건 골고루 읽어야 한다는 게 아닙니다.

교과 독서에 대한
학부모님의 오해

때로 학부모님은 아이가 과학 줄글책을 싫어하고, 역사 줄글책을 싫어하는 모습을 보시면, 이러다가 그 과목 공부에도 지장을 주는 건 아닐지 걱정하기도 합니다. 그런데 과연 과학 줄글책을 안 읽으면 초중고 과학 공부가 큰일날까요? 역사 줄글책을 안 읽으면 초중고 역사 공부가 큰일날까요? 절대로 그렇지 않습니다.

과학 줄글책을 안 읽었더라도 어차피 초등학교 3학년 때부터 학교에서 차근차근 과학 개념을 알려 주고요. 과학이 어려우면 과학 개념 문제집을 열심히 풀어 보면서 실력을 보완해 나갈 수도 있습니다. 마찬가지로 역사 줄글책을 안 읽었더라도 어차피 초등학교 5학년 2학기 때부터 학교에서 차근차근 역사 개념을 알려 주고요. 역사가 어려우면 역사 문제집도 활용할 수 있는 것입니다.

요즘에는 워낙 초등 시기 공부 정보가 많다 보니, 점점 학부모님들이 '해야 한다'와 '해 두면 좋다'를 구분하지 못하고 있습니다. 과학책, 역사책은 무조건 읽어야 하는 게 아닙니다. 당연히 읽어 두면 플러스 요인이 되지만, 읽지 않았다고 해서 학교 수업을 못 따라거나 큰일 나지 않습니다. 그러니 아이들한테 관심 없는 분야를 억지로 읽힐 필요도 없다고 생각합니다. 과학, 역사 같은 지식 관련 분야는 어차피 학교에서 선생님들이 친절하게 수업을 해 주시고, 그게 부족하면 문제집을 풀면서 공부로 접근하다 보면 독서량이 부족해도 충분히 극복 가능한 영역입니다.

그리고 국어도 마찬가지입니다. 국어 교과서에 실린 작품을 예습 느낌으로 미리 읽히기도 하지만, 저는 그리 추천하지 않습니다. 특히 국어 과목은 미리 그 작품을 읽어 버리면 수업 시간에 진행되는 활동에 어려움이 생기기도 합니다. 교과서를 보게 되면, 이 책을 읽기 전 책의 내용을 예측하는 활동도 있는데, 이미 이 책을 읽어 버렸다면 다음 내용을 알기 때문에 이 활동의 목적을 달성하지 못합니다. 교과서를 학교에서 배운 뒤에 궁금한 작품이 있으면 더 찾아서 읽어 보는 건 좋겠지만, 초등 교과 대비로 교과서에 나올 작품을 미리 다 찾아 읽어 보는 데에 시간을 쏟을 필요는 없습니다. 그리고 결국 고등학생이 되면, 고등 국어 모의고사는 어떤 작품이 나올지 모릅니다. 어떤 작품이 나오더라도 당황하지 않고 그 작품을 읽어 내려가는 연습이 중요한 것이죠. 그런데 초등 때부터 교과서에서 보게 될 작품을 이미 다 미리 읽고 가 버리면 이렇게 처음 보는 낯선 작품을 대하는 경험을 하지 못하는 것입니다. 그러니 국어 역시 교과서에 실린 책을 아이가 미리 읽게끔 하지 않으셔도 됩니다.

독서를 대하는 초등 학부모의 올바른 자세

초등 시기 독서의 본질적인 목적이 뭐라고 생각하시나요? 독서는 단순히 배경지식을 쌓거나 교과 대비를 하기 위한 도구가 아닙니다. 독서의 본질적인 목적은 하나의 분야에 대해 시간 가는 줄도 모르게 푹 빠져서 몰입해 보는 경험을 하고, 한 장소에 오랫동안 머무르는 엉덩이 힘과 집중력을 기르는 것입니다. 이렇게 몰입할 줄 알고, 엉덩이 힘과 집중력을 기르는 건, 공부 지속력 형성을 위한 중요한 습관 중 하나이기도 합니다. 하지만 처음부터 이러한 습관들을 공부를 통해 갖추기에는 실제적인 어려움이 있습니다. 결국 가장 좋은 방법이 독서인 것이죠. 이러한 경험을 쌓는 것이 바로 초등 시기 독서의 본질입니다.

그러니 앞으로는 아이가 싫어하는 분야의 책을 억지로 읽히기보다, 아이가 좋아하는 분야를 찾아 주는 데 집중해 주세요. 아이가 독서를 싫어한다고요? 아닙니다. 그런 아이들도 분명 하나쯤은 자신만의 흥미 분야가 있습니다. 아직 아이의 흥미 분야를 찾지 못했다면, 주말마다 도서관에 가서 아이가 여러 분야의 책을 읽어 볼 기회를 주시는 것도 좋습니다. 그리고 그 분야에 대해서 처음에는 얇은 책으로 시작했다가 점점 더 글밥을 늘려 주면서 아이가 좋아하는 분야에 대해 다양한 책들을 접하게끔 해 주세요. 아이가 몰입해 보고 엉덩이 힘도 길러 보는 독서의 본질적인 목적을 달성할 수 있도록 힘써 주시면 좋겠습니다.

이게 바로 초등 학부모님이 독서를 대해야 할 자세이며, 이 과정에서 공부 지속력을 위한 기반이 만들어질 것입니다. 아이가 평소 어떤 분야에 관심 있어 하는지, 요즘 들어 어떤 이야기를 많이 하는지, 아이를 면밀히 관찰하고 무수한 대화를 거친다면 분명 아이가 좋아하는 분야를 발견하실 수 있을 겁니다.

'공부 욕심' 억지로 심어 주려다 '포기할 결심'만 심어 줍니다

아직까지도
공부 욕심이 없는 아이

보통 아이가 어릴 때는 공부에 관심이 없더라도 일단 부모가 이끌어 주면서 공부를 시킵니다. 학년이 올라가면 언젠가 공부 욕심이 생기지 않겠냐는 믿음으로 일단은 돈을 들여 문제집도 사 주고 학원도 보내면서 어떻게든 공부에서 손을 놓지 않도록 이끌어 줍니다. 그런데 학년이 올라갈수록 점점 불안해하는 학부모님이 많습니다. 초등 고학년이 되었는데도 여전히 공부 욕심을 보이지 않고, 공부 목표도 없다고 하고, 게임할 때 눈빛과 공부할 때 눈빛이 다르기 때문입니다. 그러다 심지어 어느 순간에는 본질적인 의문이 생기기도 합니다.

'애초에 공부가 길이 아닌 아이한테, 내 욕심 때문에 억지로 공부를 시키고 있는 걸까?'

'지금까지 몇 년 동안 학원을 다니면서 대체 뭘 배운 거지? 그게 다 헛돈을 썼던 건 아닐까?'

'아이가 공부를 원하지도 않는데 이렇게 매일 싸우면서 아이를 억지로 이끌어 주는 게 과연 정말 올바른 방향이 맞을까?'

이렇게 본질적인 의문이 드는 것이죠. 초등 고학년이 된 아이, 중등을 앞둔 아이가 아직까지도 공부 욕심을 보이지 않으면 학부모님은 점점 불안해집니다. 언제쯤 아이가 공부 욕심이 생길지 걱정이 많아지고, 저한테 그러한 걱정을 이야기하시는 분들도 정말 많으세요.

수많은 초등 교육서를
읽어 본 후 내린 결론

지금까지 초등 분야에 정말 수많은 자녀 교육서가 있었습니다. 초등 시기 공부법을 알려 주고, 초등 시기 습관을 알려 주고, 공부 정서를 강조하는 책들은 있었지만, 초등 학부모님이 아이한테 이렇게만 해 주면 내적 동기 부여와 공부 욕심을 무조건 심어 줄 수 있다고 이야기하는 책은 없었습니다. 결론은 초등 학부모님이 아무리 걱정하고 노력해 봤자 초등 아이한테 억지로 공부 욕심을 심어 주는 건 불가능에 가깝다는 것입니다. 부모님이 걱정하고 잔소리를 한다고 해서 아이의 마음까지 바꿀 수 있는 건 아니라는 것입니다. 결국 내적 동기부여는 중고등 시기를 거치면서 사춘기도 겪고, 머리도 더 커지고, 제대로 된 시험도 보고, 독립심이 생기면서 내 미래에 대한 고민도 생기고, 내가 정말 하고 싶은 목표가 생기다 보면 "아, 이제 정말 제대로 공부해 봐야겠다."라고 말하는 순간에 찾아옵니다. 그걸 초등 때부터 아이들한테 억지로 느끼도록 해 주는 건 불가능합니다. 결국 아이가 중고등학생이 되어서 스스로 느끼는 수밖에 없습니다.

초등 때부터 혼자 열심히 공부하는 아이들

제가 이렇게 말씀을 드리는데도 불구하고 여전히 초등 학부모님은 불안해하십니다. 주위를 둘러보면 분명 초등학생 때부터 스스로 열심히 공부하는 아이들이 있기 때문입니다. 그런 아이들을 보면 이미 우리 아이가 늦은 거 같아서 걱정이 많아집니다. 하지만 그렇게 초등 때부터 열심히 공부하는 아이들을 조사해 본 결과, 일찍부터 내적으로 엄청난 동기 부여가 있는 게 아니라, '성향의 차이'더라구요. 원래부터 승부욕이 강해서 엄마랑 보드게임 할 때도 이길 때까지 했던 아이가 공부로도 그 승부욕이 잘 이어졌거나, 원래부터 인정 욕구가 강해서 싫은 소리 듣는 걸 싫어하고, 부모님한테 인정받고 싶고, 선생님께 칭찬받고 싶고, 친구들의 부러움을 받고 싶어서 열심히 공부하거나, 원래부터 완벽주의 성향이 강해서 한두 개만 틀려도 짜증을 내고 자기 분에 못 겨워 울기까지 하는 성향이거나 이렇게 성향의 차이라는 것입니다. 그러니 앞으로는 초등 때부터 열심히 하는 아이들을 보면서, 이미 우리 아이는 늦었다는 생각에 크게 걱정하실 필요가 없습니다. 성향의 차이일 뿐, 벌써부터 내적 동기가 생긴 건 아니기 때문입니다.

아이에게 공부 욕심을 심기 위한
학부모의 잘못된 노력

제가 불안해할 필요가 없다고 말씀을 드렸지만, 그래도 여전히 아이의 공부 욕심을 만들어 주기 위해 노력하는 학부모님이 많습니다. 대표적으로 두 가지 노력을 하십니다.

첫 번째는 '공부와 관련된 꿈'을 만들어 주는 것입니다. 그래도 공부와 관련된 명확한 꿈이 생기면, 그 꿈을 위해서라도 더 열심히 자기 주도적으로 공부하지 않을까 하는 기대감 때문이죠. 하지만 제가 초등학생들을 지켜본 결과, 현실은 그렇지 않더라고요. 꿈은 의사인데, 공부는 안 하는 초등학생이 정말 많습니다. 꿈은 거창한데, 그 꿈을 이루기 위한 험난한 과정을 모르다 보니, 얼마만큼 노력을 해야 하는지 생각의 연결이 안 되더라구요. 단원 평가 100점만 받으면 의사가 될 수 있을 거라고 생각하기도 하고요. 즉, 아이들에게 꿈을 만들어 준다 하더라도 결정적인 내적 동기 부여가 되어 주지는 못한다는 이야기입니다.

두 번째 노력은 아이들에게 '험난한 중고등 이야기'를 들려주는 것입니다. 지금 초등 때 단원 평가를 잘 봤다고 해서 자만하면 안 되고, 앞으로 중고등 시기에 얼마나 더 험난한 과정을 거쳐야 하는지 아이한테 이야기해 주는 것이죠.

"지금 네가 단원 평가 100점 받았다고 해서 자만하면 안 돼. 이게 전부가 아니야. 전국에는 경쟁자가 엄청 많고, 나중에 네가 중고등학생이 되면 시험도 더 어려워지기 때문에 지금처럼 공부하다가는 나중에 후회할 수 있어. 중고등 때 잘하려면 지금부터 더 열심히 해 두어야 해. 지금 네가 단원 평가 100점 받는 건 잘한 건 맞지만, 우물 안 개구리야. 엄마 말 안 들으면 후회한다."

이런 식으로 중고등학생이 되면 얼마나 더 힘들어지는지를 아이한테 설명해 주는 것이죠. 그러면 초등 아이들은 이런 이야기를 들으면 갑자기 공부 욕심이 생길까요? 아니요. 아이들은 본인이 직접 느껴 보지 않으면, 부모님이 아무리 이야기를 해 봤자 전부 다 잔소리로만 듣게 됩니다. 와닿지 않거든요. 그래서 제가 초등 아이들을 상담하다 보면, 아이들이 종종 하는 이야기 중 하나가 "요즘 들어 엄마가 걱정이 많아졌어요. 저는 지금 단원 평가 잘 보고 있는데, 엄마는 이렇게 하다가는 나중에 중고등 때 힘들 거래요."라는 말입니다. 오히려 아이들은 부모님이 자신에게 공부를 시키려고 겁을 주는 줄 알더라고요. 부모님은 정말 진심으로 중고등 시기가 얼마나 힘들고 험난한지를 설명해 준 것인데, 아이들은 부모님이 요즘 들어 걱정이 많아졌고, 부모님이 요즘 자꾸 자기한테 겁을 준다고 받아들입니다. 즉, 이렇게 아무리 중고등 이야기를 해 줘도 아이들이 공부 욕심을 가지는 게 어렵다는 것입니다. 결국 결론은 초등 학부모님이 아무리 걱정하고 노력해 봤자 초등 아이들에게 억지로 공부 욕심을 만들어 줄 수 없다는 것입니다.

공부 욕심을 대하는
학부모님의 올바른 자세

그러니 이제는 아이가 아직까지도 공부에 관한 내적 동기 부여가 없다고 해서, 공부 욕심이 없다고 해서 걱정하지 마세요. 내적 동기 부여와 공부 욕심은 부모님이 노력한다고 해서 억지로 아이한테 심어 줄 수 있는 게 아닙니다. 결국 아이 스스로 깨달아야 합니다. 사춘기도 겪고, 제대로 된 시험도 보기 시작하고, 머리가 커지면서 진지하게 내 미래에 대한 고민도 해 보면서 생기는 게 동기 부여입니다. 그리고 그건 빠르면 중등 시기, 늦으면 고등 시기에 찾아오는 경우가 대부분입니다. 그러니 이제는 내적 동기 부여와 공부 욕심에 대한 걱정을 내려 두셔도 됩니다. 자꾸만 학부모님이 이걸 강조하다 보니 여전히 태평한 아이한테 짜증을 내게 되고, 자신의 숙제임에도 불구하고 자꾸만 미루는 아이한테 화를 내게 되고, 계산 실수에도 아무런 경각심이 없는 아이한테 답답함을 느끼게 되는 것입니다. 이 과정에서 아이의 공부 지속력은 사라지는 것이죠. 초등 아이한테 아직 내적 동기 부여와 공부 욕심이 없는 건 당연한 것입니다. 그걸 받아들여야 아이의 공부 지속력을 지킬 수 있습니다. 학부모님의 역할은 아이의 동기 부여와 상관없이 아이가 꾸준히 그 시기에 해야 할 공부를 놓치지 않게끔 이끌어 주는 것이며, 그게 결국 공부 지속력을 만들어 줄 거라는 걸 잊지 마세요.

제때 공부하지 못해서
진로 상담 시간에 우는 고등학생들

아이가 공부 욕심이 생길 때까지
기다려 주는 자세

요즘에는 워낙 공부 정서가 강조되다 보니, 방금 앞서 말씀드린 것처럼 때로는 초등 아이가 공부를 원할 때까지, 공부 욕심이 생길 때까지 기다려 주는 학부모님들도 많습니다. 아이가 아직 수학을 원하지 않으니, 일단 수학 공부는 따로 문제집을 풀게 하지 않고 미루고, 아이가 수학을 하고 싶어 할 때까지 기다려 주기도 하죠. 때로는 아이에게 공부를 시켜 봤더니 공부 머리가 없다는 생각이 들어서, 어차피 이 아이는 공부로는 길이 아니라고 판단하고 아이가 원하는 과목만 가볍게 시키고 싫다는 과목은 아예 안 시키는 경우도 많습니다.

이렇게 아이가 공부를 원할 때까지 기다려 주다가 아이가 공부를 하고 싶다는 생각이 들 때 시켜 주는 게 우리 아이의 공부 지속력을 만드는 길이라고 생각하시는 학부모님들이 많습니다. 그런데 앞서 강조 드린 것처럼, 공부는 가만히 아무것도 안 하고 기다린다고 해서 하고 싶어지는 게 아니라, 일단 공부를 꾸준히 하면서 성취를 맛보고 공부를 잘하게 되면 공부할 맛이 나게 되는 것입니다. 즉, 공부 욕심이 생길 때까지 기다려 주는 건 너무 이상적이고 비현실적이라는 거죠.

고등학생들을 상담하면서 가장 안타까운 경우

제가 그동안 몇백 명에 달하는 고등학생들을 상담하면서 가장 안타깝다고 생각했던 학생이 있습니다. 고1 남자아이였습니다. 이 학생이 저한테 찾아왔습니다. "선생님, 이제 고등학교 1학년이 되었으니 제대로 공부해 보려고 상담 받으러 왔어요."라고 이야기하더군요. 그래서 이 학생을 상담하기 시작했는데, 초등학교 5학년 수학도 헷갈려 하더군요. 초등 수준 영단어도 제대로 암기하지 않았고, 초등 수준 독서도 제대로 하지 않았고요. 공부에 관심이 없다는 이유로 초중등 시기에 자신이 좋아하는 과목만 공부하고, 싫어하는 과목은 전혀 공부하지 않았고, 공부 습관도 엉망이더라고요. 그런데 학부모님이 그토록 바란 내적 동기 부여가 드디어 고등학교 1학년 때 찾아온 것입니다. 그런데 이 학생, 결국은 공부를 포기했습니다. 성적을 올리는 게 불가능에 가까웠거든요. 이미 날려 버린 초중등 9년의 시간을 갑자기 고등학교 3년 동안 채워 나간다는 게 사실 너무나 어려운 일이거든요. 정말 안타까운 사례였습니다.

학부모님, 제가 말씀드린 이 사례가 극단적인 경우처럼 보이나요? 아닙니다. 정말 많은 일반고의 하위권 학생들이 이 상태입니다. 선행을 나가고 말고, 현행을 하고 말고의 문제가 아닙니다. 이미 초중등 시기 동안 기본기조차 잡아 놓지 못했고, 공부 습관도 하나도 잡아 놓지 않아서 고등 공부를 포기한 상태인 것입니다. 공부하기 원할 때까지 기다려 주다가 정작 공부하기 원하는 순간이 되었을 때 그동안 공부하지 않았던 시간이 자신의 발목을 잡은 것이죠.

고등 3년 동안 엄청난 성적 상승이 어려운 이유

고등학교 1학년 때부터 고등 교과서랑 문제집을 열심히 공부하면 성적을 올릴 수 있는 게 아니냐고 물으실 수도 있습니다. 하지만 그렇지 않습니다. 고등학교 내용은 초등과 중등 내용이 베이스가 되어야 합니다. 초중등 수학 개념의 체계가 안 잡혀 있으면 고등 수학을 따라 갈 수 없습니다. 초중등 영단어를 모르건 고등 영단어를 따라갈 수 없습니다. 이게 현실입니다. 아이가 고등학생이 될 때까지, 공부 욕심이 생길 때까지 기다렸다가, 정작 고등학생 때 제대로 시작해 보려고 하면, 초중등 공부가 발목을 잡는 것입니다. 고등학교를 하위권으로 출발하는 아이가, 하위권에서 중위권, 상의권이 되는 엄청난 역전은 정말 어렵다는 것이죠. 고등학교 1학년 학생한테 초등 수학, 영어부터 잡아 줄 수 있는 곳은 거의 없습니다. 그게 지금의 현실입니다.

많은 고등학생이
진로 상담 하면서 우는 이유

정말 많은 고등학생이 학교 선생님께 진로 상담을 받은 후에 충격을 받거나 울게 됩니다. 이전까지는 자신의 꿈이 공부와 관련된 꿈이 아니라는 이유로 공부를 소홀히 하거나, 꿈이 없다는 이유로 대충 공부하다가, 고등학생이 되면서 드디어 본인만의 뚜렷한 목표가 생긴 것입니다. 그런데 그 목표를 이룰 수 있는지, 관련된 학교에 진학할 수 있는지 상담을 받아 봤더니 자신의 성적이 터무니없이 낮다는 걸 깨달으면서 충격을 받게 되는 것이죠.

나중에 아이가 꿈이 생겼는데, 아이의 성적이 낮아서 그 꿈을 포기해야 한다고 상상해 보세요. 얼마나 속상할까요? 그게 가장 속상하고 안타까운 일이고, 우리 아이한테는 그런 일이 없었으면 하는 생각이 들 것입니다. 성적이 아이의 꿈을 방해하는 일은 없었으면 좋겠습니다. 그런데 초등 때 아이가 공부에 관심이 없다는 이유로 공부를 시키지 않는 게 진정 아이를 위한 길이 맞을까요? 그게 아니라는 것입니다.

초등 학부모님께 드리는
간절한 부탁

저는 초등 학부모님께 초등 때부터 엄청 빽빽하게 공부 스케줄을 세우고, 유명한 대형 학원들 다 보내고, 전교 1등 혹은 의대를 목표로 3년씩 선행하라는 이야기를 드리지 않습니다. 아이가 지금 당장은 공부 욕심을 보이지 않더라도 초등 때부터 모든 과목에 대해 최소한 평균은 할 수 있게끔 이끌어 주시면 좋겠다고 말할 뿐입니다.

아이가 좋아하는 과목은 마음껏 시켜 주세요. 그런데 아이가 싫어한다고 해서 아이가 원할 때까지 기다리기만 하는 건 절대로 공부 지속력을 키워 주는 길이 아닙니다. 단기적으로는 아이의 스트레스를 줄여 줄지 몰라도, 장기적으로는 중고등 때 더 큰 장벽에 부딪혀서 공부 지속력을 망가뜨리는 지름길이 될 것입니다. 아이가 아무리 싫어하는 과목이라 하더라도 최소한 현행단큼은 따라갈 수 있게끔, 문제집 한 권이라도 좋으니 학부모님이 함께 이끌어 주시면 좋겠습니다.

어차피 앞서 말씀드린 것처럼, 공부 욕심이나 내적 동기 부여는 학부모의 노력으로 강제로 심어 줄 수 없습니다. 그러니 앞으로는 아이가 공부를 원하지 않는다고 해서 마냥 기다리지만 말고, 각 시기별로 해야 할 공부에 대해 놓치지 않게끔 지도해 주시면 좋겠습니다. 아이가 공부 머리가 없다고요? 초중고 교육은 똑똑한 아이만을 위한 것이 아닙니다. 공부 머리가 없더라도 건강한 사회인으로서 성장하기 위해 필요한 최소한의 지식을 배우는 소중한 과정입니다. 그런데 공부 머리가 없다는 이유로 공부를 놓아 버리는 건 아이가 최소한의 지식을 쌓을 기회조차 박탈해 버리는 것과 같습니다.

지금은 공부에 관심도 없는 초등 아이한테 부모님이 싸워 가면서까지 공부를 시키는 게 굉장히 버겁고 무의미한 과정이라고 생각할 수도 있습니다. 아이가 부모님의 마음을 알아주지 못해 때로는 서운한 마음이 들 때도 있을 것입니다. 하지만 언젠가 아이가 공부 욕심이 생기는 그 순간이 찾아왔을 때, 분명 아이로부터 "엄마, 아빠, 나 그때 공부에 관심 없을 때도 잘 이끌어 줘서 고마워. 그 덕분에 내가 이렇게 고등 공부도 열심히 할 수 있게 되었어."라는 말을 듣게 될 것입니다. 그러니 그걸 믿고, 아직 초등 아이가 공부 욕심이 없더라도 걱정하지 말고, 나중에 공부 욕심이 생겼을 때 유익하게 써먹을 수 있는 공부의 기본기를 함께 잡아 주시길 부탁드립니다.

엄마가 공부 주도권을 안 잡으면 아이에게 휘둘립니다

아이에게 공부의 최종 선택권을 주는 학부모님

요즘에는 초등 때부터 학원이나 문제집에 대해 아이에게 '최종 선택권'을 주는 경우도 많습니다. 예를 들면 이런 거죠. 초등학교 3학년 때까지는 엄마가 직접 엄마표로 수학을 알려 주시다가, 어느 순간부터 자꾸만 아이랑 수학 때문에 다투게 되고 싸우는 빈도가 늘어나기 시작합니다. 이제는 엄마가 더 이상 직접 수학을 알려 주는 건 어렵고, 외부의 도움을 받아야 한다는 신호인 셈이죠. 그런데 이때 엄마가 주도권을 가지고 학원을 보내야겠다는 결정을 내리는 것이 아니라, 아이에게 학원에 대한 최종 선택권을 주는 경우가 많습니다. "너 이제 초등학교 4학년이 되었으니 수학 학원 가 볼래?"라고 아이한테 학원을 갈지 말지에 대한 선택권을 주는 것이죠. 하지만 이미 주변 친구들한테 수학 학원이 힘들다는 이야기를 들은 아이들은 "네, 엄마! 학원 열심히 다녀 볼게요!"라고 대답하지 않고, "아니야, 엄마! 친구들 말 들어 보니 학원 가면 쉬는 시간도 줄어들고 숙제도 많고 힘들대. 나 엄마랑 진짜 열심히 할게. 나 학원 안 갈래!"라고 말하죠. 그럼 이런 말을 들은 부모님은 마음이 약해지고, 다시 힘을 내어 아이를 가르쳐 봐야겠다고 다짐합니다. 하지만 몇 주 지나지 않아 또다시 수학 때문에 아이와 싸우게 되죠.

문제집도 마찬가지입니다. 엄마 입장에서는 아이가 이제 초등학교 5학년이 되었으니 수학 심화 문제집을 풀어 보면 좋겠다는 생각이 들 수 있습니다. 그런데 이때 엄마가 주도권을 가지고 아이한테 심화 문제집 풀이를 시키는 게 아니라, 아이한테 최종 선택권을 줍니다. "너 이제 5학년이 되었으니 심화 문제집 한번 도전해 볼래?" 그럼 그때 대다수의 아이들은 "네, 엄마! 저 심화 문제집 제대로 한번 열심히 풀어 볼게요!"라고 대답하지 않습니다. 대신, "아니야, 엄마! 나 수학 심화는 자신이 없어. 나 하기 싫어. 다음에 할래."라고 대답하고, 엄마는 마음이 약해져 또다시 미루게 되는 것이죠. 이렇듯 학원과 문제집에 대해 아이에게 최종 선택권을 주는 집이 많은 상황입니다. 아이가 직접 자신의 학원과 문제집에 대해 결정을 내리는 것이 자기 주도적 습관 형성에도 도움이 된다고 믿으면서 말이죠.

어떻게 초등 아이가 객관적으로 판단하나요?

여러분, 아이는 이제 초등학생이고 아직은 왜 자신이 공부해야 하는지도 모르고 있는 상태로 그저 엄마의 말대로 공부하고 있는 시기입니다. 그런데 이러한 초등 아이가 본인 스스로 지금 이 학원이, 지금 이 문제집이 자신에게 필요한지 객관적으로 판단할 수 있을까요? 아닙니다. 이 모든 것을 객관적으로 판단하기에 아이는 아직 너무 어립니다. 당연히 아이는 학원도 싫고 문제집도 싫죠. 요즘에 워낙 '자기 주도'라는 용어가 강조되다 보니 초등학생일 때부터 아이가 혼자서 모든 공부를 하길 바라시는 분들도 있습니다. 하지만 제대로 된 '자기 주도 학습'은 중고등 때나 가능한 이야기이지, 아직 초등학생이라면 혼자 스스로 학원이나 문제집을 객관적으로 결정하기에는 너무 어렵습니다.

공부에 대한 주도권은
누가 가져야 할까

저는 공부에 대한 주도권은 부모님과 아이 중 '공부에 대해 더 많이 아는 사람'이 가지는 게 맞다고 생각합니다. 초등 때까지는 아이보다 학부모가 공부에 대해 더 아는 게 많습니다. 그러니 초등 때는 학부모님이 주도권을 쥐고, 아이를 이끌어 주는 게 맞습니다.

부모님이 판단했을 때 아이가 이 시기에 수학 학원을 가야 한다는 생각이 들면, 아이한테 수학 학원을 갈지 말지 물어볼 게 아니라, 왜 학원을 다녀야 하는지 설명해 주고, 부모님이 선택권을 쥐고 아이를 학원에 보낼 수도 있어야 합니다. 부모님이 생각했을 때 아이가 이 시기에 이 문제집을 풀어야 할 거 같으면 아이한테 문제집을 풀지 말지 물어볼 게 아니라, 문제집을 사 주고 아이가 풀도록 지시할 수도 있어야 합니다.

이것은 아이의 자기 주도성을 저해하고 말고의 문제가 아닙니다. 아이가 아직 혼자서 객관적으로 판단할 능력이 되지 않으니, 부모님이 아이를 대신하여 선택해 주는 역할을 하는 것뿐입니다. 물론 처음에는 마찰이 있겠지만, 장기적으로 봤을 때는 아이가 그 시기에 해야 할 공부를 놓치지 않게끔 해 주는 것이기 때문에, 결과적으로 아이가 공부를 뒤처지지 않고 따라갈 수 있는 원동력이 되어 아이의 공부 지속력을 만들어 주게 됩니다.

그렇게 초등 시기를 보내다가 중학생이 되면서부터는 점점 부모님보다 아이가 공부에 대해 아는 게 많아지기 시작합니다. 이제 그때부터는 부모님이 아닌 아이가 점점 공부의 주도권을 가지고 학원과 문제집을 포함한 공부 전반에 걸친 결정을 직접 내리게 됩니다. 그러니 요즘 아무리 자기 주도라는 키워드가 중요하다 하더라도, 아직 어린 초등 시기부터 아이들에게 모든 공부 주도권을 넘겨주지 않으시면 좋겠습니다.

초등 아이에게 공부 선택권을
주고 싶다면

그럼에도 초등 아이한테 공부 선택권을 주는 연습을 하고 싶으시다면, 초등 아이들에게 '할래, 말래'의 최종 선택권을 주는 건 반대합니다. 그러면 자꾸 그 시기에 해야 할 공부를 미루게 되고, 놓치는 공부가 생길 수도 있기 때문이죠.

대신 수학 학원을 다니기로 부모님이 결정을 내리되, 부모님이 두세 곳의 수학 학원을 선택지로 제시해 주고, 그중 어느 학원에 다닐지 아이가 선택하게 해 주는 정도가 좋습니다. 직접 부모님이 아이를 수학 학원 상담에도 데려가고 각 학원의 장단점을 알려 주시면서, 그중 어느 학원에 다닐지는 아이한테 맡기는 것이죠.

문제집도 마찬가지입니다. 수학 심화 문제집을 풀기로 하는 건 부모님이 결정을 내리되, 두세 개의 수학 심화 문제집을 보여 주시고, 그중 어떤 걸 풀지 아이가 선택할 수 있겠습니다.

과목도 똑같습니다. 아이한테 수학이나 영어 공부를 할지 말지에 대한 선택권을 주는 건 옳지 않습니다. 아이가 수학, 영어 공부를 해야 한다는 사실은 학생이라면 당연한 일인 만큼 부모님이 결정해 두되, 수학부터 할지, 영어부터 할지, 공부 순서 정도는 아이에게 선택권을 주어도 좋겠습니다.

이를 통해 아이는 자신이 선택한 공부를 하는 것인 만큼, 이 과정에서 좀 더 올바른 공부 지속력을 형성해 나갈 수 있을 것입니다.

공부 힘들다는 아이와 '불행 배틀' 하지 마세요

수포자가 생기는 과정

고등학생 중에는 수학을 포기한 학생, 즉 '수포자'가 많습니다. 수학을 포기한 학생들은 "저는 오늘부터 수학을 포기하겠습니다!"라고 선언하지 않습니다. 갑자기 어느 순간 수학을 놓아 버리는 학생은 없습니다. 대신 서서히 중학생 때부터 스스로 수학을 놓게 됩니다. 수학 공부를 해 봤자 실력은 오르지 않고, 성적도 그대로고, 수학 공부를 하느니 차라리 그 시간에 다른 과목을 공부하는 게 더 효율적이라고 판단하면서 부모님 몰래 수학 공부 시간을 점점 줄이기 시작합니다. 수학 학원을 잘 다니고 있는 줄 알았더니, 친구 답안지를 베끼고 있는 거였고, 공식을 보면서 문제를 풀고 있는 식이었던 거죠. 매일 하던 수학 공부를 이제는 안 하는 날들도 점점 생깁니다. 그러다가 고등학생이 되어 첫 수학 시험에서 10점, 20점이라는 충격적인 성적을 받으면, 학부모님은 그제야 우리 아이가 '수포자'라는 사실을 깨닫고 놀라고 충격을 받게 됩니다. 분명 아이가 점점 수학을 놓고 있다는 신호가 있었을 텐데 평소에 공부 대화가 부족하다 보니 부모님도 알아차리지 못했을 겁니다. 그러다가 아이 혼자 제멋대로 수학을 놓아 버리기로 판단해 버리고 골든 타임도 놓쳐 버리게 되는 것이죠. 이게 바로 우리 아이가 수포자가 되는 과정입니다.

아이가 공부를 힘들어할 때
부모의 반응

초등 아이에게 공부는 결코 재미있는 일이 아닙니다. 앞서 말씀드린 것처럼, 공부는 재미있어서 하는 것이 아니라 학생으로서 해야 하는 것인 만큼, 아이 입장에서는 공부가 생각보다 더 힘들고 지루한 과정일 수 있습니다. 그렇기 때문에 때때로 아이가 부모님께 공부가 힘들다는 이야기를 하기도 합니다. 그런데 이때 부모님이 아이의 힘든 마음을 공감해 주는 게 아니라 엄마, 아빠가 더 힘들다는 걸 어필하는 집이 있습니다.

"너는 에어컨 바람 쐬면서 고작 문제지 두 페이지를 한 시간 동안 끝내는 게 뭐가 어렵니?"

"엄마가 비싼 돈 들여서 학원도 보내 주고, 문제집도 사다 주잖아. 너는 그냥 연필 잡고 공부만 하면 되는 거야."

"이 날씨에 아빠가 밖에 나가서 열심히 일하는 거 안 보여? 네가 공부 대신 밖에 나가서 돈 한번 벌어 볼래? 얼마나 힘든지 느껴 볼래?"

"지금 엄마 집안일 하는 거 안 보여? 네가 한번 공부 대신 집안일 직접 다 해 볼래?"

"엄마가 밥 준비 일주일 동안 안 하면 어떻게 되는지 한번 볼까?"

이런 식으로 엄마, 아빠가 아이보다 더 힘들고, 아이가 지금 하는 초등 공부는 힘든 게 아니라는 메시지를 주는 것이죠. 중고등 때 공부를 잘해 내기 위해서는 '공부는 힘들지만 학생이기 때문에 열심히 해야 하는 것'이라는 인식을 심어 주는 게 중요합니다. 공부는 원래 힘든 게 맞다는 걸 알려 주어야 하죠. 그런데 이렇게 부모님이 아이를 대하게 되면, 아이는 '내가 지금 하는 공부는 힘들면 안 되는 것'이라는 인식을 가지게 되고, 공부가 힘든 자신은 공부와 맞지 않고 공부에 재능이 없다고 단정 짓게 됩니다.

아이가 중고등학생이 되면 정말 공부를 완전히 다 놓아 버리고 싶다는 생각이 드는 순간이 찾아옵니다. 부모님의 정서적 도움이 필요한 순간이죠. 하지만 이때 아이는 부모님한테 자신의 공부 고민을 털어놓지 않습니다. 왜 그럴까요? 초등 때부터 부모님한테 공부가 힘들다고 말해 왔지만 한 번도 진지하게 받아들여진 경험이 없기 때문입니다. 제가 중고등학생을 상담하면서 가장 많이 듣는 이야기가 "우리 엄마, 아빠는 제 공부 고민을 들어 주지 않아요. 어차피 제 고민을 말해 봤자 진지하게 들어 주지 않아서 찾아왔어요."라는 말입니다. 초등 때는 장난식으로 엄마, 아빠가 힘들다고 어필하며 웃어 넘겼지만, 이런 식의 대응이 반복될수록 아이의 공부 지속력은 향상되기 어렵습니다.

건강한 공부 대화를 이끄는
학부모의 말하기

그러면 아이들이 공부가 힘들다고 이야기할 때 부모로서 어떻게 말해 주면 좋을까요? 우선 가장 중요한 건 그 마음에 공감해 주는 것입니다. 아이가 공부가 힘들다고 하면, "그게 뭐가 힘들어?"라는 말이 튀어 나갈 게 아니라, "공부하느라 힘들었구나."라는 말을 먼저 해 주어야 해요. 그리고 아이와 공부에 대한 대화를 나눌 때는 '부모'의 입장이 아니라, 이미 20~30년 전에 먼저 공부해 봤던 '공부 선배'의 입장으로 다가가 주시면 좋겠습니다.

"공부하느라 힘들지? 엄마도 학생일 때는 공부가 재미있어서 열심히 했던 게 아니야. 엄마도 공부가 힘들었고, 할머니, 할아버지랑 공부 때문에 싸운 적도 많았다? 엄마가 공부를 열심히 했던 건 그때 엄마의 직업이 학생이었기 때문에 힘들어도 꾹 참고 해냈던 거였지, 재미로 했던 게 아니었어. 원래 공부는 힘들어도 해야 하는 거야. 그런데 엄마가 공부해 보니까, 공부가 힘들 때는 '어차피 해야 할 공부, 제대로 집중하고 끝낸 뒤에 놀자!'라고 생각하는 게 도움이 되더라. 너도 공부하면서 힘들고 지치는 순간이 올 때는 그렇게 한번 해 보면 좋겠어. 엄마도 학생이었던 시기가 있었고, 네 마음을 이해하고 있으니, 너도 힘내서 공부해 보고, 앞으로도 힘든 거 있으면 엄마한테 이야기해 줘!"

이런 식으로 아이의 마음을 공감해 줌과 동시에 부모님 자신이 학생이었던 시절을 떠올리면서 아이와 공부 대화를 나눠 주시면 좋겠습니다. 저희 엄마가 저한테 그렇게 대해 주셨어요. 엄마는 늘 저와 공부 대화를 나눌 때, 엄마가 학생일 때 어떤 게 힘들었고, 그걸 어떻게 극복했는지를 알려 주셨어요. 그러다 보니 초중고 12년 동안 제 마음속에는 '엄마도 학생이었고, 엄마는 내가 지금 하고 있는 공부 고민을 분명 이해해 줄 거야.'라는 확신이 있었습니다. 그 확신 덕분에 늘 공부 고민에 대해서는 숨김없이 엄마한테 털어놓을 수 있었죠. 그리고 아이가 공부를 힘들어하는 데에는 정말 다양한 이유가 있습니다. 유독 그 단원이 어려울 수도 있고, 친구 관계에 문제가 생겨 자꾸만 공부에 집중하지 못할 수도 있고, 학원 선생님의 설명 방식이 아이와 맞지 않을 수도 있습니다. 그러니 아이가 부모님께 공부에 대한 고민을 꺼낸다면, 꼭 진지하게 그 이유에 대해 들어 보시면서 마음을 들여다보는 시간을 가져 보시길 바랍니다. 이러한 과정이 아이의 공부 지속력을 지탱해 줄 것입니다.

한 권, 한 달, 한 학기, 멀리 보고 장기적으로 보상하세요

내적 동기 부여가 없는
초등 시기

앞서 말씀드린 것처럼 초등 때부터 아이들에게 억지로 내적인 동기 부여를 만들어 주는 건 불가능에 가깝습니다. 내적 동기 부여는 중고등 시기에 아이 스스로 느껴야 하는 거라고 말씀드렸죠. 이렇게 초등 아이에게는 아직 내적 동기 부여가 없는 만큼, 학부모 입장에서는 아이에게 공부를 시킬 때 어려움이 생길 수도 있습니다.

예컨대 아이가 공부에 대한 보상을 요구하는 경우가 있습니다. 이거 끝내면 뭘 해 달라는 식으로 자꾸만 협상을 하려고 하다 보니 이렇게라도 공부를 시키는 게 맞는 건지, 아이 스스로 원해서 공부하는

게 아니라 만화책을 읽거나 게임을 하려고 공부하는 거 같은 기분이
드니 지금의 방향성에 대해 쉽게 흔들리기도 하죠.

하지만 저는 이렇게 내적 동기 부여가 없는 초등 시기에 외적 동
기 부여를 주는 건 괜찮다고 생각합니다. 초등 시기는 공부를 놓지 않
고 꾸준히 해내는 습관을 만드는 것이 가장 중요한 만큼, 외적인 보상
을 주는 한이 있더라도 공부를 지속하게끔 이끌어 줄 필요도 있다고
생각합니다.

장기적 보상의 적절한 활용

다만 그 보상을 주는 과정에서 '단기적 보상'은 가급적 지양하는
게 좋습니다. 자꾸만 하루, 이틀 단위의 단기적인 공부 성취에 보상을
주게 되면, 꾸준히 해내는 습관을 만들기보다는 그저 짧은 기간에만
통하는 보상으로 전락하는 만큼 올바른 공부 습관을 만들기 어려워
집니다. 그래서 저는 초등 아이에게 보상을 주되, '장기적 보상'을 적
절하게 활용해 보라고 제안해 드립니다. 예를 들면 이런 식이죠.

"이 책 한 권 다 읽으면 ○○해 줄게!"

"한 달 동안 하루도 빼먹지 않고 이 문제집을 풀면 ○○해 줄게!"

"한 학기 동안 이 목표를 달성하면 ○○해 줄게!"

이렇게 한 권, 한 달, 한 학기 등 좀 더 장기적으로 공부를 해냈을 때 보상을 주면 좋습니다. 그래야 아이도 그 기간 동안 좀 더 꾸준하게 공부하는 습관도 만들고, 중간에 포기하지 않고 한 번 더 힘을 내어 해 보려는 끈기도 배울 수 있게 될 것입니다. 물론 보상 없이도 열심히 하는 학생이라면 보상이 필요 없겠지만, 아직 공부 욕심이 없어서 보상이 필요한 아이라면, 보상을 주되 장기적인 보상으로 아이를 이끌어 보시는 걸 추천해 드립니다.

보상과 페널티

자신은 보상을 받지 않을 테니 공부를 안 하겠다는 학생들도 있을 수 있습니다. 그러한 성향의 아이라면 아무리 큰 보상을 주더라도 공부를 이끌어 주기 힘든 상황에 처할 수 있죠. 아니면 아이가 너무 보상에만 익숙해지는 게 걱정이 될 수도 있습니다. 그럴 때는 공부에 대한 보상을 주기보다는, '페널티'를 부여하는 것도 하나의 방법입니다. '수학 공부를 빼먹고 안 하는 날이 있으면 게임 하루 금지'와 같이 꼭 지켜야 할 공부 루틴을 지키지 않았을 때 아이가 좋아하는 걸 못 하게 하는 형태도 때로는 효과적일 때가 있으니 아이의 성향에 따라 활용해 보시길 바랍니다.

결핍이 없는 아이는
'결핍의 결핍'에 시달립니다

결핍이 없는 초등 아이들

초등 시기에는 아이가 원하는 거라면 뭐든 발 벗고 도와주고 싶어 하는 부모님이 많습니다. 아이가 사 달라는 게 있다면 사 주고, 아이가 원하는 게 있다면 해 주고, 아이가 싫어하는 게 있다면 시키지 않기도 하죠. 하지만 결핍이 없는 순간 목표도 사라지게 됩니다. 특히 공부라는 건 '끈기'와 '참을성'이 굉장히 중요합니다. 그 끈기와 참을성이라는 건 내가 정말 하기 싫은 공부가 있더라도 때로는 꾹 참고 해 볼 줄도 알고, 아무리 짜증 나고 힘들더라도 중간에 포기하지 않고 끝까지 해내는 태도가 정말 중요하죠.

그런데 초등 시기에 일상생활 속에서 조금만 불편해도 모든 걸 부모님이 해결해 주는 경험이 계속해서 쌓이게 된다면 공부와는 더더욱 멀어질 수 있습니다. 공부의 긴 호흡을 견뎌 내는 연습을 평소 해보지 않았던 만큼 공부가 주는 스트레스를 더 크게 느끼고 공부를 거부하는 감정이 커지기도 하죠.

적절한 결핍이
공부 지속력을 만듭니다

그러므로 초등 시기부터 모든 걸 다 즉각적으로 아이에게 해 주기보다는 '적절한 결핍'을 느끼게 해 주는 것이 필요합니다.

첫 번째는 '정답에 대한 결핍'입니다. 평소에 아이가 모르는 문제, 아이가 힘들어하는 문제가 나오면 부모님께서 아이의 힘들어하는 모습을 견디지 못하고 즉각적으로 답을 알려 주시거나 대신 풀어 주셨나요? 그러한 상황이 반복되면 아이는 모르는 게 나올 때마다 부모님께 의존하게 됩니다. 그것보다는 일단 5분, 10분은 스스로 버티면서 해 보는 연습을 먼저 시켜 주시고, 그래도 못 풀겠다면 한두 개의 힌트만 먼저 주시면서 아이가 계속해서 스스로 고민해 보는 경험을 통해 적절한 스트레스를 느끼게끔 이끌어 줄 필요가 있어요.

두 번째는 '즉각적인 만족에 대한 결핍'입니다. 아이가 사 달라고 하는 게 있을 때 언제나 바로 사 주셨나요? 그러한 과정이 반복되면, 아이는 공부를 할 때 '즉각적인 결과'가 나타나지 않는 것에 큰 불만과 답답함을 가질 수 있습니다. 공부라는 건 정말 오랜 시간 동안 인내하면서, 즉각적인 결과가 없더라도 참아 내고 묵묵하게 해내는 과정입니다. 그런데 평소 일상 속에서 즉각적인 결과를 얻는 경험이 반복된다면 공부와는 정반대의 길로 가는 거죠. 그러니 앞으로는 아이가 사 달라는 게 있더라도 곧바로 사 주지 말고, "네가 한 달 동안 이 문제집을 하루도 빼놓지 않고 하면 사 줄게."와 같이 아이가 좀 더 긴 호흡에 익숙해지게 도와주시면 좋겠어요.

세 번째는, '칭찬에 대한 결핍'입니다. 아이에게 공부 관련해서 칭찬을 해 주시는 건 좋지만, 그저 아이의 공부 정서를 높일 목적으로 당연한 것에 대해서도 계속 칭찬한다면, 아이는 칭찬에 대한 결핍이 부족해져 인정 욕구도 부족해지고 공부에 대한 동기 부여도 떨어질 겁니다. 그러니 때로는 칭찬과 함께 '개선점, 아쉬운 점'도 함께 제시해 주면서, 아이가 좀 더 노력해 볼 수 있는 여지를 남겨 주시는 걸 추천해 드립니다.

아이가 원하는 것들을 모두 해 주고 싶고 결핍을 채워 주고 싶은 부모님의 마음을 충분히 이해합니다. 하지만 적절한 결핍 속에서 오히려 공부를 대하는 올바른 태도를 배울 수 있음을 꼭 기억해 주세요.

너는 사춘기 나는 갱년기, 솔직하게 털어놓는 게 낫습니다

중고등 학부모의
가장 중요한 역할

아이가 유초등 시기라면, 부모님이 아이의 공부에 직접적으로 관여할 수 있습니다. 부모님이 아이의 공부 습관도 잡아 줄 수 있고, 아이가 모르는 문제를 알려 줄 수 있고, 아이에게 수학 개념을 직접 설명해 줄 수도 있고, 잔소리를 해도 아직 통할 시기입니다. 그런데 아이가 중학생만 되더라도, 이제는 더 이상 부모님이 아이의 공부에 직접적으로 관여하는 게 어려워집니다.

따라서 중고등 학부모의 가장 중요한 역할은 공부를 가르치는 게 아니라 공부를 지원하는 것, 다시 말해 정서적인 역할이 됩니다. 아이가 공부로 지치지 않게끔 응원해 주고, 다독여 주고, 마음이 흔들릴 때 잡아 주는 역할이죠.

그리고 이러한 정서적 역할에서 가장 중심이 되는 건 '사춘기 자녀와의 관계'입니다. 이 사춘기를 어떻게 보내느냐에 따라 부모님과 자녀와의 관계가 달라질 뿐만 아니라, 아이의 공부까지도 영향을 미치는 만큼, 슬기롭게 사춘기를 잘 헤쳐 나가는 게 공부 지속력 향상에 있어서도 정말 중요합니다.

무방비 상태로 사춘기를 마주하는 학부모

많은 부모님이 아이의 사춘기를 걱정하시겠지만, 결국 가장 문제가 되는 시기는 아이의 사춘기와 부모님의 갱년기가 충돌할 때입니다. 두 시기가 비슷하게 찾아오는 만큼, 아이와 부모님 서로 예민해진 상태로 크고 작은 다툼이 반복되는 것이죠. 결국 둘 중 한 명이 양보할 수밖에 없습니다. 부모님이 아이의 사춘기를 이해해 주시든지, 아이가 부모님의 갱년기를 이해해 주어야 합니다. 하지만 공부하느라 바쁘고 아직은 어린 아이한테 갱년기와 관련된 책을 읽히거나 영상을 보여 주기에는 어려움이 있습니다. 그러므로 결국 어른인 부모님이 아이의 사춘기에 대해 먼저 다가가 주시고 공부를 해 주셔야 합니다.

　학부모님은 학생으로서 사춘기를 경험해 본 적은 있으시겠지만, 한 번도 제대로 사춘기 자녀를 대해 본 적은 없습니다. 많은 초등 학부모님이 아이의 사춘기에 대한 막연한 걱정과 두려움을 가지고 있습니다. 그런데 정작 그 사춘기가 대체 무엇인지, 사춘기인 아이를 어떻게 대해야 하는지 제대로 공부하는 학부모님은 거의 없습니다. 걱정만 하시지, 사춘기에 대한 공부를 해 본 적이 없다 보니 많은 학부모님이 무방비 상태로 사춘기를 마주합니다. 그렇다 보니 자꾸만 예전에 통했던 훈육 방식을 사춘기인 아이한테도 적용하려고 하고, 그게 통하지 않았을 때 언성이 높아지고 화를 내고 좌절하고 우울해집니다. 사춘기 아이한테 "짜증 내지 마!", "반항하지 마!"라고 아무리 소리를 질러 봤자 통하지 않습니다. 사춘기가 된 아이는 이미 변했는데, 부모님은 예전과 같은 방식으로 대하고 있으니 당연히 제대로 통할 리 없겠죠.

　사춘기를 아이 개인의 일탈 정도로만 생각하시나요? 아닙니다. 사춘기는 어른이 되어 가는 과정에서 호르몬이 변하고, 뇌 구조가 변하는 과학적이고 생리학적인 변화입니다. 아이가 혼자 마음을 먹는다고 해서 통제할 수 있는 게 아닙니다. 그런 아이들한테 예전처럼 언성을 높이고 잔소리를 해 봤자 통하지 않습니다. 그런데 대다수의 학부모님이 사춘기에 대해 전혀 공부가 되어 있지 않은 상태로 불필요한 감정 소모만 반복하고, 사춘기 자녀와의 마음은 전혀 이해하지 못한 채로 관계만 망가뜨리죠. 그래서 저는 아이가 초등학생일 때부터 꼭 사춘기를 주제로 한 책들을 읽어 보시길 추천해 드립니다.

《사춘기 아들의 마음을 잡아주는, 부모의 말 공부》(포레스트북스), 《사춘기 딸에게 힘이 되어주는, 부모의 말 공부》(포레스트북스), 《10대 놀라운 뇌 불안한 뇌 아픈 뇌》(코리아닷컴), 《아들의 사춘기가 두려운 엄마들에게》(카시오페아), 《사춘기 마음을 통역해 드립니다》(미류책방) 등 이 다섯 권의 책이 제가 추천해 드리는 사춘기 관련 책입니다.

아이가 사춘기가 되기 전에 꼭 시간 내어 이러한 책을 읽어 보시면서 사춘기라는 게 어떤 것이고, 사춘기인 아이를 어떻게 대해 주어야 하고, 어떤 말은 피해야 할지에 대해 공부해 보시길 바랍니다.

사춘기 자녀를 둔
학부모의 모습

이렇게 사춘기와 관련된 책을 읽어 보시면서 사춘기에 대해 공부해 보며 근본적인 해결책을 찾으시면 좋겠는데, 사춘기 자녀를 둔 학부모님의 모습은 제 기대와는 너무 다르더라구요. 이미 너무 많은 감정 소모로 지쳤기 때문에 어차피 책을 읽어 봤자 달라질 게 없다고 단정 짓고, 자꾸만 일시적인 해결책만을 찾습니다.

저희 어머니도 마찬가지셨는데, 제가 중학생 무렵 사춘기를 겪을 때, 자꾸만 제 어릴 적 사진을 찾아보시면서 위안을 얻으셨어요. "민찬이가 이때는 참 귀여웠는데, 이때는 참 좋았는데, 요즘 들어 왜 이렇게 말을 안 듣나 몰라."라고 말씀하시면서, 제 어릴 적 사진을 지갑에 넣고 다니시고, 휴대폰 배경 화면과 메신저 배경 화면으로 해 두시면서 힘을 얻으셨습니다.

물론 이렇게 아이의 어릴 적 사진을 보다 보면 마음이 안정되겠지만, 일시적인 효과만 있을 뿐, 결국 또다시 사춘기 자녀와의 갈등이 반복될 것입니다. 근본적으로 사춘기 자녀와의 관계 회복을 위한 해결책을 얻을 수 있는 게 아닙니다. 그러니 이렇게 아이의 어릴 적 사진을 찾아보기만 하지 마시고, 꼭 사춘기를 주제로 한 책들을 찾아 읽어 보며 근본적인 해결책을 찾길 바랍니다. 물론 당연히 이론과 현실은 차이가 있겠지만, 사춘기를 대하는 방법을 전혀 모른 상태로 있는 것보다, 그래도 올바른 방법에 대해 알고 있는 게 더욱 나을 것입니다.

사춘기 자녀와의 관계를
개선하는 첫걸음

아이가 사춘기에 접어들면서부터 크고 작은 다툼이 반복될 것입니다. 그런데 그 다툼의 모든 원인을 '아이의 사춘기'로만 돌리는 순간, 절대로 관계는 개선되지 않습니다. 부모님이 아이의 사춘기를 느끼는 것처럼, 아이도 부모님이 변했다고 생각하고 있을 것입니다.

사춘기 자녀와의 다툼은 아이만의 잘못이 아닙니다. '부모의 갱년기'와 '아이의 사춘기' 이 두 개의 충돌로 일어나는 문제가 대부분입니다. 이걸 전부 다 아이의 사춘기가 문제라고만 생각하시고, 사춘기 해결 방법만 찾고 있다면 또다시 싸움이 반복될 것입니다. 사춘기 자녀와의 관계를 개선하는 첫걸음은 부모님이 먼저 '갱년기'를 있는 그대로 직시하는 것입니다. 그게 말처럼 쉽지 않다는 걸 저도 알고 있습니다.

하지만 갱년기를 외면하고 '나는 아니겠지.'라는 생각으로 아이의 사춘기만 들여다보면 안 됩니다. 용기를 내어 부모님이 갱년기를 받아들여야 합니다. 그 누구의 잘못도 아닙니다. 나이가 들면서 누구나 찾아오는 과정이기 때문에, 객관적으로 자기 자신의 변화를 볼 줄 알아야 합니다. 그게 되어야 그 후에 아이의 사춘기를 들여다보는 게 유의미해집니다. 사춘기 자녀와의 관계를 개선하는 첫걸음은 학부모님이 갱년기를 인정하고 받아들이는 거라는 걸 꼭 알아 주세요.

아이에게도 사춘기와 갱년기가
무엇인지 알려 주세요

아이들은 자신도 모르게 사춘기라는 과정을 겪게 되는 만큼, 부모님이 먼저 앞서 제가 추천해 드린 사춘기 책을 읽어 보시고, 아이들에게도 사춘기가 무엇인지, 그리고 그 사춘기가 시작되면 어떤 모습으로 변하게 되는 건지를 함께 이야기해 보는 시간을 꼭 가져 보시면 좋겠습니다.

그리고 아이에게 갱년기를 숨기고 그 힘든 마음을 부모님 혼자서만 감내하기보다는, 아이에게도 솔직하게 갱년기가 무엇인지 알려 줄 필요가 있다고 생각합니다. 그런데 영어 단어를 외우고 있는 아이를 데려와서 붙잡아 놓고 갱년기가 무엇인지 알려 주기에는 쉽지 않을 것입니다. 그래서 제가 늘 추천하는 동화책이 있습니다. 《사춘기 대 갱년기》(개암나무), 《사춘기 대 아빠 갱년기》(개암나무), 《아들 사춘기 대 갱년기》(개암나무)라는 동화책이 있습니다. 각각 딸과 엄마, 딸과 아빠, 아들과 엄마의 충돌을 소재로 하는 만큼, 아이들의 눈높이에 맞추어 사춘기와 갱년기를 알려 줄 수 있으니 꼭 아이들에게 읽혀 보시길 바랍니다. 사춘기 자녀와의 좋은 관계를 유지하는 게 공부 지속력을 지키는 길이라는 걸 잊지 마세요.

2장

공부 지속력을
형성하려면
공부 습관부터
잡아야 합니다

바른 공부 습관은 공부 지속력의 밑바탕이 됩니다

자기 주도적 공부 습관을 가진
아이가 되는 두 가지 방법

많은 학부모님이 우리 아이가 중고등 때는 자기 주도적인 공부 습관을 가지고 스스로 공부를 해내는 아이가 되길 바랍니다. 중고등 때 자기 주도적으로 공부하는 방법은 두 가지입니다.

첫 번째 방법은 아이가 스스로 내적 동기 부여를 갖는 것입니다. 중고등 시기에 스스로 공부를 해야 하는 뚜렷한 목표가 생기고, 공부 욕심도 생기고, 내적인 동기 부여도 생긴다면, 부모님이 잔소리할 필요가 없을 것입니다. 아이가 이미 내적 동기 부여가 생겼다면, 아이 스스로 플래너의 필요성을 느껴서 플래너를 쓰고, 복습을 해야 공부를 더 잘할 수 있다는 생각이 들어서 복습도 하기 시작하고, 평일에만 공부를 하면 공부량이 부족하다고 느껴져서 주말에도 더 열심히 공부를 시작하게 될 것입니다. 부모님이 전혀 관여를 하지 않아도 아이가 알아서 그러한 자기 주도 습관들을 실천할 거예요.

하지만 제가 앞서 말씀드렸다시피 대부분의 아이는 초중등 시기에 아직 공부 목표도 없고 내적 동기 부여도 없습니다. 그렇다면 아이에게 내적 동기 부여가 생기지 않는다면 자기 주도적 습관을 만들어 줄 수 없는 걸까요? 아닙니다. 두 번째 방법이 있습니다.

바로 초등 6년간 부모님이 아이에게 직접 공부 방법을 알려 주시고, 아이가 공부 습관을 들일 수 있도록 이끌어 주는 것입니다. 대부분의 아이는 혼자서 공부 습관의 필요성을 깨닫거나 혼자 공부 습관을 실천하는 게 어렵기 때문에, 그 순간이 올 때까지 기다려 주는 것이 아니라 부모님이 직접 아이한테 공부 습관을 기를 수 있게끔 만들어 주는 것이 두 번째 방법이며, 이게 좀 더 현실적인 방법이라고 할 수 있겠습니다.

중1 아이들의 공통적인 고민

플래너 써 보기, 개념 암기하기, 주말 공부하기, 복습하기 등 이러한 습관들은 사실 초등학교 6년 동안 많은 가정에서 놓치는 습관들입니다. 왜 그럴까요? 이러한 공부 습관들을 전혀 익히지 않아도 초등 6년을 무난하게 잘 보낼 수 있거든요.

플래너 안 쓰고 개념 외우지 않고 주말에 놀고 복습 같은 거 안 해도, 학교 수업 잘 들을 수 있고 학원 숙제 잘 해낼 수 있고 단원 평가 잘 볼 수 있거든요. 그냥 엄마가 아이한테 공부하라고 잔소리만 하면 어떻게든 초등 6년 공부는 굴러갑니다.

그러면 아이가 초등학생일 때는 공부 습관에 신경 쓰지 않다가, 아이가 중학교 1학년이 되자마자 아이한테 "너 이제 중학교 1학년 되었으니 플래너 써 보렴!"이라고 말해 주면, 아이가 "네, 엄마! 저 플래너 제대로 열심히 한번 써 볼게요!"라고 대답할까요? 아닙니다. 초등학생 때 해 본 적이 없는 것들이니 당연히 중학생 때도 실천이 어렵죠. 특히나 중학생만 되더라도 머리가 더 커지면서 본인의 주관이 생기게 되고 사춘기가 시작되기 때문에, 엄마가 아무리 말로만 공부 습관을 알려줘 봤자 아이 스스로 공부 습관을 갖추는 건 상당히 어려워집니다.

중학교 1학년 아이들을 대상으로 상담하다 보면 아이들이 늘 이야기하는 게 있습니다. "우리 엄마가 돌변했어요!" 이런 이야기를 정말 많이 해요. 초등학교 때까지는 엄마가 공부를 다 도와주고 이끌어 주다가 갑자기 중학생이 되니, "중학생 때부터는 복습을 해야 한다더라.", "중학생 때부터는 주말에도 공부를 해야 한다더라.", "중학생 때부터는 플래너를 꼭 써야 한다더라." 이렇게 갑자기 공부 습관에 대한 잔소리들을 쏟아 내니 아이 입장에서는 엄마가 돌변했다고 이야기를 하게 되는 것이죠.

이러한 습관들이 중학생 때부터 더욱 중요해지는 건 맞습니다. 하지만 그렇다고 해서 초등학생 때 전혀 해 본 적이 없는 공부 습관을 갑자기 중학생 때 '말로만' 시킨다면 그 습관을 아이의 것으로 만들어 주는 데에는 분명 한계가 있을 것입니다. 그리고 이 과정에서 아이와의 갈등도 커지고, 뒤늦게 공부 습관을 심어 주는 과정에서 공부 지속력이 떨어지기도 합니다.

공부 습관은 지시하는 것이 아니라 함께해야 합니다

초등 아이들에게 말로만 공부 습관을 들이라고 요구하면, 아이들은 아직 어리고 내적 동기 부여도 없다 보니 혼자서 해내기 힘듭니다. 초등 아이한테 플래너를 쓰라고 지시를 했는데, 아이가 자꾸 플래너 작성을 까먹고 놓치고 있나요? 그리고 혹시 그걸로 아이에게 화를 내셨나요? 초등학생 때부터 아이 혼자 모든 걸 주도적으로 하길 바라는 건 아주 큰 욕심입니다. 아이가 아직 왜 공부를 해야 하는지도 모르는데, 그 플래너를 혼자 세우는 게 쉽다고 생각하시나요? 그건 화를 낸다고 해결될 문제가 아닙니다. 당연히 화낼 일도 아니고요. 어른들도 매년 초에 다이어트를 하겠다고 다짐해 놓고, 한 달도 지나지 않아 포기하는 걸 반복합니다. 그만큼 습관 하나 만드는 게 어른들한테도 너무 어려운 일인데, 초등 아이들이 공부 습관을 하루아침에 만들 수 있다고 믿는 건 불가능한 일입니다. 정말 많은 인내와 기다림이 필요한 일이에요.

모든 공부 습관은 일방적으로 지시하는 게 아니라, 초등학생 때부터 부모님과 함께해 보는 시간이 쌓여야 합니다. 플래너도 처음에는 부모님과 함께, 복습도 처음에는 부모님과 함께해 보다가, 그게 적응이 되면 아이가 초등 고학년이 되고 중학생이 되면서, "엄마랑 같이 해 봤던 복습(또는 플래너 사용), 이제는 네가 스스로 해 볼래?" 이렇게 넘겨주시면 됩니다. 모든 공부 습관은 초등 때 부모님과 함께해 보다가, 중학생이 되어 넘겨주면 된다는 걸 기억해 주세요. 그러면 어떤 공부 습관이든, 아이가 공부 욕심이 없더라도 공부 습관만큼은 확실하게 잡아 줄 수 있습니다.

중학생 때 처음 시작하는 습관이
가급적 없길 바랍니다

초등학생 때 공부 습관을 전혀 만들지 못했는데 중학생 때 처음 공부 습관을 만들어 주는 건 정말 어려운 일입니다. 안 그래도 해야 할 공부량이 많아지는데, 새로운 공부 습관까지 심어 주기가 쉽지 않더라고요. 그런데 복습도 초등학생 때 1주일에 10분이라도 꾸준히 해 보았다면, 중학생이 되어서 그 10분을, 20분, 30분, 40분, 50분 이렇게 늘리는 건 할 만하더라고요. 그만큼 초등 때 조금이라도 좋으니 꾸준히 실천해 보는 게 그만큼 중요합니다.

그래서 저는 많은 학부모님께 "중학생 때 처음 시작하는 공부 습관이 가급적 없길 바랍니다."라고 말씀드립니다. 중학생 때 처음 플래너를 시작하고, 중학생 때 처음 복습을 해 보고, 중학생 때 처음 주말 공부를 해 보는 건 너무나도 힘들고 어려운 일입니다. 하지만 초등학생 때 한 번이라도 제대로 꾸준히 부모님과 함께해 보았다면 중학생 때는 그 습관을 제대로 들일 수 있을 것입니다.

바른 공부 습관이
공부 지속력을 만듭니다

제가 첫 번째 챕터에서 '공부 지속력'을 강조하다가, 이렇게 두 번째 챕터에서 '공부 습관'을 강조하는 이유가 궁금하신가요? 그 이유는 바른 공부 습관이 공부 지속력을 만들기 때문입니다.

초등학교 6년 내내 엄마가 하라는 대로만 공부해 오고, 학원에서 하라는 숙제만 해 오고, 제대로 된 공부 습관은 하나도 연습이 되어 있지 않은 학생은 초등 때까지는 별 문제가 없을 것입니다. 공부도 잘 흘러갈 것입니다. 그런데 더 이상 부모님이 아이의 공부에 대해 직접적으로 관여하는 게 어려워지는 중학생이 되면서부터는, 자신의 공부를 이끌어 주고 관여해 줄 사람이 사라지니, 공부 시간을 어떻게 계획해야 할지, 복습을 어떻게 해야 할지, 전혀 모르는 학생이 됩니다. 그러다 보니 성적은 성적대로 떨어지게 되고, 뒤늦게 공부 습관을 부모님이 잡아 주는 과정에서 크고 작은 다툼이 반복되면서 결국 공부 습관의 부재가 공부 지속력을 망가뜨리게 되는 것입니다.

사춘기도 마찬가지입니다. 사춘기가 오더라도 공부를 열심히 하는 학생은 초등 때부터 공부 습관과 태도가 잡혀 있는 학생입니다. 초등 때 공부 습관이 잡혀 있지 않다면, 사춘기가 찾아왔을 때 공부도 놓게 되어 공부 지속력에도 마이너스 요인이 될 것입니다.

결론은 바른 공부 습관이 올바른 공부 지속력을 만든다는 것입니다. 그러니 공부 습관은 중고등 때나 필요한 먼 이야기라고 생각하지 말고, 초등 때 가장 중요한 과제 중 하나임을 기억해 주시면 좋겠습니다.

부모인 제가 공부 습관까지 잡아 주라고요?

어떤 학부모님은 제가 이렇게 학부모님한테 아이들 공부 습관을 잡아 주라고 요구하는 것에 부담을 느끼실 수도 있겠습니다. 이것저것 안 그래도 해야 할 공부가 많은데, 언제 공부 습관까지 잡고 있냐고 반문하실 수 있습니다. 그러면 저는 이렇게 답변을 드립니다. "공부량을 좀 줄이더라도, 공부 습관 좀 잡아 주세요!" 공부만큼 중요한 게 공부 습관입니다. 그리고 어떤 초등 학부모님은 습관이나 이런 것들 신경 안 쓰려고 비싼 돈 들여서 학원에 보낸 거라고 말씀하시기도 합니다. 하지만 학원은 공부 습관을 익히는 곳이 아닙니다. 학원은 개념을 알려 주고 숙제라는 강제성을 부여해 공부를 꾸준히 하도록 돕는 곳이지, 본질적인 공부 습관을 쌓는 곳은 아닙니다. 아이의 공부를 학원에 맡겼다면, 이제 초등 학부모님의 역할은 아이에게 공부 습관을 만들어 주는 것입니다. 제가 이번 두 번째 챕터를 통해서는 초등 때 어떠한 공부 습관을 꼭 심어 주면 좋은지 차근차근 구체적으로 알려 드릴테니 아이의 공부 지속력을 만드는 공부 습관을 하나씩 만들어 나가 보시길 바랍니다.

문제집 루틴으로 개념부터 꽉 잡아 주세요

급하게 문제부터 푸는
학생들

제가 학생들을 보다 보면, 이미 학교나 학원에서 개념을 배웠다는 이유로, 개념 부분을 꼼꼼하게 차분하게 읽어 보면서 개념을 외우거나 이해하려고 하지 않고, 눈으로 슬쩍 개념을 읽고, 바로 급하게 문제부터 풀려고 덤벼드는 학생들이 정말 많습니다. 그렇게 문제를 풀다 보면, 분명 막히는 부분이 생깁니다. 그런데 만약 수학 문제를 풀다가 공식이 기억이 안 나면 어떻게 하는 게 맞을까요? 당연히 그 문제는 별 표시를 하거나 틀렸다고 표시하는 게 맞을 것입니다.

그런데 많은 학생이 이 순간에, 앞부분 개념을 넘겨 보면서 수학 공식을 찾아보고 그 공식을 보면서 문제를 푼다는 것입니다. 그리고 이렇게 푼 문제를 채점해 주는 부모님이나 선생님은 이러한 사실을 모른 채로, 아이가 혼자 힘으로 풀어낸 줄 알고 동그라미 표시를 하고 넘어가 버리는 것이죠. 이런 식으로 개념을 보면서 문제를 푸는 건, 절대로 아이의 진짜 실력이 아닙니다. 개념을 본다는 건 개념을 베끼는 것이고, 이건 답안지를 베끼는 것과 다름없는 말도 안 되는 습관입니다.

문제집의 종류를 따지고, 권수를 따지기 전에, 문제집 한 권을 풀더라도 우리 아이가 이러한 잘못된 문제 풀이 방식을 갖고 있는 건 아닐지 경각심을 가져야 합니다. 이는 결국 겉으로 문제집 정답율이 높아 보이더라도 본질적인 공부를 하고 있지 않은 것이기 때문에, 초등 시기를 지나 중학생만 되더라도 금세 실력이 들통나고 시험도 잘 보지 못할 거라고 확신합니다.

"숙제해!"라는 말 대신 이렇게 해 주세요

초등 학부모님은 습관적으로 저녁 시간만 되면 아이한테 "영어 숙제해!", "수학 숙제해!"라고 말씀하십니다. 그러다 보니 아이도 숙제할 시간이 되면 개념을 차분하게 읽어 보면서 이해하거나 암기해 보려고 하는 게 아니라, 곧바로 자신이 풀어야 할 페이지를 펼쳐서 연필을 들고 문제부터 풀게 됩니다.

이렇게 공부하면 안 됩니다. 개념을 먼저 차분히 읽어 봐야 하잖아요. 그러니 앞으로는 우리 아이의 하루 스케줄 중에서 10~20분이라도 좋으니 문제집을 바로 풀기 전에, 오늘 풀 부분에 대한 개념을 먼저 차분하게 읽어 보고 암기해 보는 시간이 꼭 마련이 따로 되면 좋겠습니다. 예를 들어 만약 아이가 보통 저녁을 먹고 8시부터 공부를 시작하는 평일 루틴을 가지고 있다면, '8시부터 8시 10분까지 개념을 차분히 읽어 보는 시간' 이런 식으로 문제 풀이와 별개로 개념 학습 시간을 배정해 주시길 바랍니다. 이렇게 개념을 차분히 읽어 보는 시간을 가진 다음에 문제를 풀어야 하고, 문제를 푸는 동안에는 앞부분 개념을 넘겨 보지 않도록 해 주세요.

틀린 문제가 많다는 이유로
화내지 마세요

아이가 평소에 문제집을 풀 때 문제를 많이 틀리는 건 잘못일까요? 아닙니다. 원래 학생 때는 무수히 많은 문제를 틀리면서 배우는 것입니다. 그리고 100점 받을 문제집이면 풀 이유가 없겠죠. 문제집을 풀면서 틀리는 문제가 있기 때문에 아이의 약점도 파악할 수 있게 되는 것이고, 더욱더 발전할 수 있게 되는 것입니다.

그런데 아이의 문제집을 보고 틀린 문제가 많다는 것에 초점을 맞춰서 아이한테 화내는 일이 반복된다면 아이는 엄마한테 문제를 틀린 모습을 보여 주기 싫어 할 것입니다. 엄마 입장에서는 아이가 더 많은 문제를 맞히길 기대하겠지만, 많은 아이가 엄마한테 혼나는 게 싫고 그게 두려워서, 자꾸만 개념을 보면서 문제를 풀어 버리는 잘못된 공부 습관을 갖게 됩니다.

그러니 앞으로는 틀린 문제들에 대해 감정적으로 지적하거나 화내지 않으시면 좋겠습니다. 틀릴 수도 있죠. 제가 늘 강조해 드리는 것처럼 엄마표를 할 거면 '남의 집 아이를 가르치는 선생님'이 되었다는 마음가짐으로 해야 합니다. 틀린 문제는 고칠 기회를 주면 되는 것이고, 다음에는 더 잘해 보자고 격려할 줄 알아야 합니다. 자꾸만 틀린 문제에 대해 지적이 반복되니 아이들도 틀리는 모습을 보여 주기 싫어서 개념을 베끼면서 문제를 풀게 되는 것이죠.

그러므로 앞으로는 초등 아이한테 "문제집을 풀면서 틀려도 괜찮아. 하지만 틀리는 게 싫어서 개념을 보면서 문제를 푸는 건 너의 실력이 아니야. 그건 개념을 베끼는 거고, 그렇게 푸는 건 정말 부끄러운 행동이야. 엄마도 네가 문제집에서 문제를 틀렸다고 해서 화내지 않을 테니, 너도 네 실력 그대로 문제집을 풀어 보면 좋겠어."라고 반복적으로 이야기를 해 주시면 좋겠습니다.

개념을 보면서 푸는 습관을 고치는 네 가지 방법

자꾸만 개념을 보면서 문제를 푸는 아이의 습관을 올바르게 고쳐 주기 위해서는 네 가지 방법이 있습니다. 첫 번째와 두 번째 방법은 앞서 말씀드린 것처럼, 문제를 풀기 전에 개념을 차분히 읽어 보는 시간을 10분이라도 좋으니 하루 스케줄에서 꼭 마련해 주는 것과, 아이들에게 틀린 문제로 화내지 말고, 틀리는 게 두려워서 개념을 베끼는 게 부끄러운 행동이라는 걸 직접 알려 주라고 했던 것이죠.

그리고 세 번째 방법은 아이가 문제집의 문제를 풀 때는 앞부분을 넘겨 보지 못하도록 큰 집게로 앞부분을 집어 두는 것입니다. 그렇지 않으면 자꾸 아이들이 습관적으로 개념을 넘겨 보게 되니, 차라리 큰 집게로 앞부분을 집어 두어서 넘기지 못하도록 하는 것도 좋습니다.

마지막 네 번째 방법은 문제집의 개념 부분을 전부 다 칼로 오려내어 단원별로 묶어서 부모님이 따로 보관해 주는 방법입니다. 처음부터 문제집의 개념 부분을 따로 분리해 두면, 아이는 문제를 풀 때 개념을 아예 볼 수 없는 만큼, 개념을 베끼면서 문제를 푸는 습관을 잡아 주는 데에 도움이 될 것입니다.

사실 초등학생뿐만 아니라, 중고등학생 때도 문제집을 풀 때 개념을 보면서 푸는 학생들이 너무나도 많습니다. 개념을 보면서 문제를 푼다는 건 개념을 베끼는 것과 같으며, 아이의 진짜 실력이 아닙니다. 그러니 앞으로는 아이의 문제집 결과물만 보고 잘 풀었다고 판단하지 마시고, 혹시나 아이가 문제집을 푸는 과정에서 개념을 베끼고 있는 건 아닌지 경각심을 가지고 꼭 확인해 보시길 바랍니다.

다른 중요한 공부 습관들을 다 제쳐 놓고 이 습관을 가장 1순위로 알려드리는 건, 그만큼 이 잘못된 습관을 가지고 몇 년 넘게 공부를 지속하고 있는 학생들이 너무나도 많고, 그러다 보니 매번 문제집만 잘 풀고 실제 시험에서는 무너지는 학생들이 너무 많기 때문입니다. 그러니 부디 그냥 흘려듣지 마시고, 아이의 문제 풀이 과정 속에서 잘못된 습관은 없는지 꼭 확인해 주시길 간곡히 부탁드립니다.

누적 복습 루틴으로 '진짜 공부'를 할 수 있게끔 해 주세요

새로운 문제집으로
넘어갈 생각

요즘에는 워낙 문제집 종류가 다양해졌습니다. 그러다 보니 이미 우리 아이가 어떤 문제집을 풀고 있음에도 자꾸만 다른 문제집이 눈에 들어오고, 이 문제집이 끝나면 저 문제집으로 넘어가야겠다는 로드맵을 세워 두시기도 합니다. 그런데 초등학생들을 보면 복습을 안 하는 학생들이 너무나도 많아요. 그저 앞만 보고 계속 달려가기만 합니다.

문제집 한 권이 끝나면 아이가 그 문제집에서 배웠던 개념을 말로 다 설명할 수 있나요? 그 문제집에서 틀렸던 문제를 다시 풀어 보라고 하면 다 맞힐 수 있을 거라고 생각하시나요? 아닐 겁니다. 그런데 초등 아이들은 복습 과정 없이 자꾸만 앞만 보고 달려가니, 아이들의 머릿속에 개념이 쌓이질 않습니다. 그러니 자꾸 6단원이 끝나면 1단원에서 배웠던 게 뭐였는지 기억이 안 난다고 하고, 2학기가 되면 1학기 때 뭘 배웠는지 잘 모르겠다고 하고, 4학년만 되면 3학년 때 뭘 배웠는지 모르겠다는 이야기가 나오는 것이죠.

정말 경각심을 가지셔야 해요. 문제를 풀 때는 잘 풀지 몰라도, 한두 달만 지나면 금세 잊어버리는 게 제대로 된 공부라고 생각하시나요? 중학생이 되면 초등학생 때 배웠던 내용을 다 잊어버려도 상관없는 건가요? 아니잖아요. 중학생이 되었을 때 초등 공부 내용이 기억나지 않는 것이 발목을 잡게 되어 공부 지속력에까지 부정적인 영향을 줍니다. 그런데 초등 시기에 그저 학원을 다닌다는 이유, 그저 잘 따라가고 있다는 이유 등 복습 습관이 전혀 없는 가정이 너무나도 많다는 게 안타깝고 우려가 되는 지점입니다.

에빙하우스의 망각 곡선 이야기

복습의 중요성에 대해 가장 잘 알려 주는 이론은 에빙하우스의 망각 곡선입니다. 에빙하우스의 망각 곡선에 따르면 인간의 뇌는 어떤 내용을 배운 뒤에 20분만 지나도 42%, 1시간이 지나면 56%, 1주일이 지나면 77%를 잊게 됩니다. 즉, 만약 10개의 개념을 새로 배웠다고 한다면, 20분만 지나도 10개 중 4~5개, 1시간만 지나도 10개 중 5~6개, 1주일이 지나면 10개 중 무려 7~8개나 잊어버리게 된다는 이론이죠. 그만큼 우리 인간의 뇌는 자연스럽게 망각하도록 되어 있고, 이런 상황에서 복습을 하지 않는다는 것은, 당연히 며칠만 지나도 그 내용을 잊게 될 수밖에 없다는 것입니다. 그러니 '복습하는 습관'은 공부에 있어서 선택이 아닌 '필수'이며, 복습이 없는 공부는 그저 모래성을 쌓는 것과 같다는 것을 반드시 명심해 주셔야 합니다.

복습을 실패하게 되는
세 가지 요인

학부모님도 이미 복습의 중요성은 중고등 때 몸소 느끼셨을 텐데, 왜 초등 때는 복습을 놓치고 실패하게 되는 걸까요? 우선 학부모님의 마음이 급하기 때문입니다. 지금 당장 눈앞에 해야 할 문제집은 쌓여 있고, 해야 할 과목들도 많고, 숙제도 해야 하는 상황에서 '복습'까지 챙길 시간이 없다는 게 주된 요인입니다. 그런데 복습할 시간이 없을 정도로 공부를 하고 있다면, 지금 너무 과하게 공부하고 있는 것입니다. 복습도 공부입니다. 공부 시간에 복습도 당연히 포함되어야 하는 건데, 해야 할 공부가 많으니 복습을 안 하겠다는 건 공부의 기본을 지키지 않겠다는 것입니다.

또 다른 요인은 복습을 미뤘다가 한 번에 몰아서 하려고 하기 때문입니다. 평상시에는 바쁘다는 이유로 복습을 미루고 미루다가, 책 한 권이 다 끝나면 그제야 복습을 하려고 하기도 합니다. 그런데 책 한 권 분량을 한 번에 복습한다는 건 상당히 귀찮은 일입니다. 한두 페이지도 아니고, 100~200페이지를 복습하는 건 어른들한테 하라고 해도 귀찮아서 뒤로 갈수록 대충 복습을 하게 될 겁니다. 그러니 초등 아이한테 복습을 미뤘다가 한 번에 시키는 것도 복습의 대표적인 실패 요인입니다.

세 번째 요인은 초등 내용은 어렵지 않다고 생각하기 때문입니다. 초등 내용은 어렵지 않기 때문에 굳이 중고등 때처럼 시간을 들여 가면서까지 복습을 할 정도의 내용은 아니라고 판단하시는 것이죠. 그런데 그건 학부모님 눈높이에서 하시는 말씀입니다. 초등학생 아이한테 초등 내용은 쉽지만은 않은 내용입니다. 부모님한테는 분수가 쉽겠지만, 초등 아이는 분수를 처음 배우는 것이니 낯설고 어렵습니다. 그런데 부모님이 봤을 때 초등 내용은 어렵지 않으니 복습을 안 해도 된다고 판단하는 건 위험한 부분이 있습니다.

누적 복습의 실천 방법

그러니 앞으로는 특히 수학에 대해서는 누적 복습을 해 보는 게 필요합니다. 우선 매일 저녁에는 그날 학교, 학원에서 배운 개념에 대해 차분하게 읽어 보는 시간을 가져 보면 좋겠습니다. 하루만 지나도 전날 배웠던 걸 금세 잊어버리게 되는 만큼, 그날 배운 건 그날 복습하는 게 좋습니다. 그리고 앞으로는 한 단원 단위로 누적 복습을 하는 걸 추천해 드립니다. 한 권이 끝날 때까지 기다리면 나중에 몰아서 하는 게 너무 귀찮아집니다.

앞으로는 1단원이 끝나면 바로 2단원으로 넘어가지 말고, 하루 이틀 진도를 멈춰도 좋으니, 우선 1단원에서 배웠던 내용을 아이가 다시 읽어 볼 수 있도록 해 주시고, 개념을 안 보고 말로 설명할 수 있는지도 체크해 주시고, 틀린 문제는 확실히 다시 풀어 보도록 해 주세요. 그리고 2단원이 끝나면, 2단원만 복습하지 않습니다. 10~20분이라도 좋으니 1단원에서 배웠던 내용을 빠르게 눈으로라도 읽어 보게 하고, 그다음에 2단원을 제대로 복습해 보도록 해 주세요. 그리고 3단원이 끝나면, 3단원만 복습하는 게 아니라, 10~20분이라도 좋으니, 1~2단원을 눈으로라도 빠르게 읽어 보도록 하고, 그다음 3단원을 복습하도록 해 주세요.

이런 식으로 한 단원이 끝날 때마다 잠시 진도를 멈춰 놓고, 누적으로 복습하는 습관을 꼭 학부모님이 아이와 함께 만들어 나가 주시면 좋겠습니다. 그리고 이렇게 한 단원씩 하다가 문제집 한 권이 다 끝나게 되면, 곧바로 다음 문제집으로 넘어가기 전에 1~2주 정도 시간을 내어 이틀에 한 단원꼴로 다시 한번 차분히 책에 나와 있는 개념을 읽고 틀린 문제도 풀어 보면서 쵀종 복습을 진행해 주시면 더욱 좋겠습니다.

초등 아이들은 아직 머리가 작기 때문에 한 번 공부했다고 해서 그 내용을 장기적으로 기억하지 못합니다. 그렇기 때문에 같은 내용을 주기적으로, 반복적으로 보면서 공부해야 합니다. 누적이 되지 않는 공부는 모래성을 쌓는 것과 같습니다. 초등학생 때 열심히 공부했던 것을 중학생이 되어서도 기억하고 활용할 수 있으려면, 앞으로는 반드시 아이와 함께 '누적 복습 습관'을 들일 수 있도록 훈련시켜 주셔야 합니다.

플래너 작성 루틴으로 입시 6년 계획을 단단히 세워 주세요

공부 플래너의 중요성

중고등 시기가 되면 해야 할 공부가 정말 많아집니다. 국어, 수학, 영어, 사회, 과학까지 동시에 여러 과목을 소화해야 하다 보니 플래너를 쓰지 않으면, 과목 간 밸런스가 무너지는 경우가 많습니다. 자꾸만 특정 과목에만 치우치고, 특정 과목은 소홀히 하게 되는 경우들이 생기는 것이죠. 그렇기 때문에 결국 중고등 시기에는 '공부 플래너'를 써야 합니다. 플래너도 마찬가지입니다. 중고등 때 중요하다고 해서 그때 처음 시작하면 그걸 꾸준히 해내는 습관을 만드는 게 너무 어렵습니다. 그러니 초등 때부터 부모님이 아이와 함께 플래너 작성 연습을 시켜 주시면 좋겠다는 생각입니다.

부모님이 대신 플래너를
써주는 것

초등학생 때는 아직 공부 계획을 스스로 세우지 못하는 학생들도 있기 때문에, 때로는 부모님이 아이를 대신해서 공부 계획을 세워주시고, 아이가 그 계획대로 공부하도록 이끌어 주시기도 합니다. 저는 초등 때는 부모님이 플래너를 대신 써 줄 수도 있다고 생각합니다. 아직 아이가 어리고, 플래너를 쓰는 방법을 모를 수 있으니까요. 그런데 아이가 없는 곳에서 부모님이 일방적으로 플래너를 써서 아이한테 그 플래너대로 공부하라고 하는 건 반대합니다. 왜냐하면 그 플래너가 만들어지는 과정을 아이가 보지 못하기 때문입니다. 부모님이 어떠한 과정을 거쳐서 그 공부 계획을 세운 건지를 아이는 보지 못했기 때문에, 나중에 아이가 주도적으로 플래너를 세우는 데에 도움이 되지 않습니다.

그러니 부모님이 대신 써 주시는 건 좋으나, 아이와 함께 나란히 앉아서 대화를 나누면서 어떻게 공부 계획이 세워지는지 그 과정을 보여 주시면 좋겠습니다. 이렇게 그 과정을 보여 주신다면, 초등 시기에 처음에는 부모님이 대신 플래너를 써 주셔도 좋습니다. 그러다가 몇 달이 지나서 이게 적응이 되면 월, 화, 수, 목은 부모님이 하고, 금요일은 아이에게 넘겨주고, 이게 적응이 되면 목요일, 금요일은 아이한테 넘겨주고, 이런 식으로 점점 아이한테 주도권을 넘겨주다가, 아이가 중학생이 되면, "이제 네가 중학생이 되었으니 혼자서 플래너 써 봐!"라고 넘겨주면 되는 것입니다. 이처럼 모든 습관은 초등 때 함께하다가 중등 때 넘겨주어야 합니다.

예상 시간을 써 보는 연습

중고등 때는 워낙 해야 할 공부가 많기 때문에 효율적인 공부 계획을 세우는 것이 중요합니다. 그리고 효율적인 공부 계획을 세우기 위해서는 자신의 공부 속도를 알고 있어야 합니다. '수학 문제집 네 페이지는 30분 정도 걸리겠군!', '영단어 30개는 40분 정도 걸리겠군!' 이런 식으로 각 과제에 대해서 자신이 대략적으로 얼마만큼의 시간이 걸릴지를 알고 있어야 효율적인 공부 계획을 세울 수 있어요.

그러나 초등 아이들은 아직 자신의 공부 속도에 대해 잘 알지 못합니다. 그러니 자꾸 가정에서 어떤 일이 생길까요? 엄마가 봤을 때는 지금 숙제를 시작해야 자기 전까지 다 끝낼 수 있을 거 같은데, 아이가 꼭 30분만 더 있다가 시작해도 된다고 해서, 그 말을 한번 믿어 줬더니, 결국 자기 전까지 숙제를 다 못 끝내고 자는 시간이 늦어져서 아이랑 다툼이 발생합니다. 아니면 이런 경우도 많죠. 초등 아이가 분명 "나 집중하면 20분 만에 충분히 다 끝낼 수 있어!"라고 호언장담을 해 놓고, 막상 공부가 시작되면 갑자기 공부하다가 물 마시러 가고, 화장실에 다녀오고, 손에 밴드를 붙여 달라고 하고, 손톱을 깎아 달라고 해 버리니, 결국 실제로 그 과제를 끝내기까지는 1시간가량 소요되기도 합니다. 이러한 문제가 발생하는 근본적인 원인은 아이가 아직 '본인의 공부 속도'를 모르기 때문입니다.

그만큼 초등 때부터 공부 플래너를 쓸 때는 '예상 시간'을 써 보는 연습을 꼭 해 보시면 좋겠습니다. 각 과제별로 초등 아이가 생각했을 때 시간이 얼마나 소요될 거 같은지를 예상하여 '예상 시간'을 써 보고, 실제 공부를 하면서 걸린 '실제 시간'을 함께 써서 비교하면서, 계속해서 예상 시간과 실제 시간의 간극을 줄여 나가는 연습을 해 보면 좋겠습니다.

학교 숙제 > 학원 숙제 > 집에서 하는 문제집

플래너를 작성할 때는 뒤죽박죽 순서가 없이 대충 쓰는 것보다는, 학교 숙제를 우선순위로 써 보는 걸 추천 드립니다. 늘 학원이나 집에서 하는 공부보다 학교에서 하는 숙제가 1순위가 되어야 합니다. 그리고 그다음은 학원 숙제를 써보고, 마지막으로는 집에서 하는 문제집 중 오늘 해야 할 분량을 써 보면 좋겠습니다. 이 순서가 별거 아닌 것처럼 보여도 대충 쓰게 되면, 자꾸만 집에서 하는 문제집을 풀다가 자기 전까지 학원 숙제를 못 끝내고, 학교 숙제를 못 끝내서 잠도 늦게 자고 그런 경우들도 많습니다. 그러니 늘 이 순서를 지켜서 학습 계획을 적어 보시면 좋겠습니다. 그리고 이를 통해 아이에게도 자연스럽게 1순위가 학교 숙제라는 마음가짐을 심어줄 수 있을 것입니다.

과목에 대한 선택권은
아이에게

플래너를 작성할 때 어떤 과목에 대한 과제부터 적을지는 아이에게 선택권을 주셔도 좋습니다. 앞서 말씀드린 것처럼 아이에게 "수학 공부 할래, 안 할래?"처럼 실행 여부를 물어보는 건 비현실적이라고 했고, 이러한 부분은 부모님이 주도권을 가지는 게 맞다고 말씀드렸습니다. 하지만 어떤 과목부터 할지를 정하는 건 아이한테 선택권을 줘서, 아이가 원하는 과목부터 공부하도록 하는 것도 좋습니다. 아이한테 "너 수학 공부부터 할래? 아니면 영어 공부부터 할래?" 이 정도의 선택권을 주는 건 아이 입장에서도 공부의 자율성을 보장받는다는 느낌을 주는 만큼, 공부 지속력 향상에도 도움이 될 것입니다.

늘 정해진 시간에
작성하기

어떤 날은 아침에 적고, 어떤 날은 학교에 다녀와서 적고, 어떤 날은 밤늦게 적고, 이렇게 플래너를 적는 시간에 변동이 많으면 습관으로 만들어지기가 어렵습니다. 그러니 플래너 작성을 할 때는 늘 정해진 시간에 작성하는 게 좋습니다. 보통 초등 때는 학원에 다녀온 후에 저녁을 먹기 전 또는 저녁을 먹은 후 저녁 공부를 시작하기 전에 적는 것이 가장 좋습니다. 나아가 확실한 시간까지도 정해 두는 걸 추천해 드립니다. 예를 들어 늘 저녁을 먹고 공부가 시작되는 시간이 저녁 8시라고 하면, '저녁 8시에는 무조건 플래너 작성하기'라고 알람도 맞춰 두고 루틴을 만들어 두면 좋겠습니다. 그렇게 늘 정해진 시간에 적는 연습을 해야 올바른 습관이 더 빠르게 만들어질 수 있을 것입니다.

교과 수업 집중 루틴으로
내신 성적을 업그레이드해 주세요

학교 시험을 잘 보려면

중고등학생이 되어 결국 가장 중요한 건 '학교 시험'을 잘 보는 것입니다. 학교 시험을 잘 보려면 결국 그 시험 문제를 내는 사람의 수업을 잘 듣는 게 중요합니다. 학교 시험의 출제자는 학교 선생님이기 때문에, 모든 공부의 시작은 '학교 수업을 열심히 듣는 것'입니다. 이게 당연한 말처럼 들릴 수 있겠지만, 요즘에는 워낙 사교육도 많이 받으니 학교 수업을 열심히 듣지 않는 학생들이 정말 많습니다. 이미 다 알고 있는 내용이라는 이유로 흘려듣고, 딴생각을 하고, 다른 문제집을 풀기도 하죠. 하지만 중고등 시기에 좋은 성적을 받는 학생들의 공통점은 학교 수업 태도가 좋다는 점입니다. 결국 학교 시험을 잘 보려면 학교 수업 태도가 1순위입니다.

학교 숙제를 1순위로

요즘에는 워낙 학원 숙제도 많고, 특히 대형 학원을 다니면 초등학생임에도 불구하고 많은 양의 숙제를 소화해야 하는 만큼, 학원 숙제를 하느라 다른 것들의 시간을 줄이는 경우가 많습니다. 그렇지만 아무리 학원 숙제가 많아도 아이가 무조건 집에 오면 학교 숙제부터 할 수 있도록 이끌어 주세요. 아이한테 학교와 학원 중에서 무조건 학교가 먼저라는 걸 알려 주셔야 합니다.

초등학생 때는 학교에서 배우는 게 별거 없으니 학원 숙제부터 해도 된다고요? 아닙니다. 그러한 인식이 초등 6년 내내 쌓이다 보니 중고등 때도 학교 수업을 무시하고 학원 숙제만 하는 학생들이 넘쳐 나는 것입니다. 아무리 아이가 해야 할 학원 숙제가 많더라도, 학교 선생님께서 내준 숙제가 있거나, 곧 단원 평가가 있다고 하면, 그걸 최우선적으로 공부하는 습관을 잡아 주세요. 아이에게도 늘 학교 숙제가 가장 중요한 것이고, 학원보다 학교에서 수업을 듣는 게 더 중요한 일이라는 것을 반복하여 말씀해 주시면 좋겠습니다. 학원 숙제가 학교 숙제를 앞서는 일은 없기를 바랍니다.

교과서 검사의 필요성

학부모님 중에서는 아이의 학원 문제집을 검사하고, 이를 통해 아이가 학원 진도를 잘 따라가고 있는지, 큰 어려움은 없는지 확인하는 경우도 많습니다. 그런데 요즘에 교과서 검사를 하는 집은 거의 없습니다. 그러다 보니 아이가 교과서를 엉망으로 대충 공부하더라도 아무도 검사할 사람이 없습니다. 그러니 저는 일주일에 한 번이라도 좋으니 아이한테 교과서를 집에 가져오게 해서, 일주일 동안 배운 범위에 대해 교과서를 직접 읽어 보게 하기도 하고, 아이가 교과서에 필기를 잘하고 있는지 빈칸 빠진 거 없이 잘하고 있는지도 꼭 확인해 주세요. 아이 입장에서는 엄마가 나의 교과서를 검사한다는 것만으로도, 좀 더 교과 수업을 신경 써서 집중하여 듣는 긍정적인 효과가 있을 것입니다.

교과 공부가 가장 중요합니다

모든 공부의 중심은 학교 교과를 중심으로 진행되어야 합니다. 아이가 사고력과 도형 문제집을 푸느라 수학 교과 문제집을 풀 시간이 없다고요? 전혀 말이 안 됩니다. 순서가 바뀌었습니다. 1순위는 교과 내용입니다. 교과 문제집부터 하고 남은 시간에 사고력과 도형에 대한 보충 학습을 하는 것이 맞습니다.

국어도 마찬가지입니다. 아이가 국어 교과 내용을 잘 따라가고 있나요? 초등학생이라고 해서 국어 교과서를 무시하면 안 됩니다. 초등학교 국어 교과서에서는 중고등 국어의 기본이 되는 내용이 모두 등장합니다. 그런데 요즘에는 워낙 다양한 독해 문제집, 어휘 문제집이 많다 보니 정작 국어 교과 내용은 무시하고 아이가 제대로 이해 및 암기를 하지도 않고 넘어가는 경우가 정말 많습니다. 제가 분명히 말씀드리는데, 초등 국어 교과를 그렇게 가벼이 여기다가는 나중에 중고등 때 후회하는 순간이 올 것입니다.

국어 공부 역시 교과를 뒤로하고 다른 문제집만 풀 게 아니라, 만약 아이가 학교 국어 수업을 어려워한다면 국어 교과 문제집을 통해 가볍게라도 점검하고 넘어가 주셔도 좋겠습니다. 아이가 국어 교과 내용을 잘 알고 있다면, "네가 독해 문제집이랑 어휘 문제집을 집에서 푸는 건, 국어 교과보다 이게 더 중요해서가 아니야. 국어 교과 공부가 가장 중요한 건데, 너는 교과 내용을 잘 알고 있기 때문에 독해 문제집이랑 어휘 문제집을 추가로 해 보는 거야."라는 말을 반복적으로 해 주시면 좋겠습니다. 교과 공부가 가장 중요하다는 것, 초등 아이에게도 그 사실을 꼭 전달해 주시길 바랍니다.

주말 공부 루틴으로
남들보다 빠르게 성장시켜 주세요

공부를 잘하고 싶다면
공부량을 늘려야 합니다

중고등 시기가 되면 해야 할 공부가 많아집니다. 다른 친구들보다 공부를 잘하고 싶다면, 결국 가장 중요한 건 '공부량'을 늘리는 것입니다. 그리고 많은 중고등학생이 공부량을 늘리는 첫 번째 방법으로 '잠을 줄이는 방법'을 선택합니다. 그런데 잠을 줄이는 건, 학부모님들도 알다시피 장기적으로는 건강에 결코 좋지 않고, 한두 시간 더 깨어 있다고 하더라도 결국 다음 날 피곤해지기 때문에 공부 효율은 더 떨어지게 됩니다.

그렇다면 잠을 줄이지 않으면서 공부량을 늘릴 수 있는 방법은 무엇일까요? 바로 '주말 공부'입니다. 중학생만 되더라도 평일에는 학교 끝나고 학원 갔다가 집에 와서 숙저하다 보면 금세 잘 시간이 되어 버리는 만큼, 결국 자신이 부족한 공부에 대해 보충할 수 있는 시간은 주말밖에 없습니다. 중학생 때부터는 주말 공부가 중요해집니다. 그리고 앞서 말씀드린 것처럼, 모든 습관은 중학생 때부터 갑자기 시작하면 그 습관을 들이기 어려우니, 초등 때부터 함께 연습해 보는 게 필요하겠죠.

그래도 초등 시기이니 좀 더 놀게 해 주고 싶은 학부모

학부모님은 이미 중고등 시기를 경험해 보셨기 때문에, 중고등 6년이 험난하고 해야 할 공부도 많고 치열한 경쟁 속에서 아이가 버텨 내야 한다는 걸 이미 알고 있으실 겁니다. 그렇기 때문에 초등학생 때라도 주말만큼은 좀 더 놀게 해 주고, 평일에 아이가 하지 못했던 것들을 주말에 몰아서 하게 해 주고, 같이 놀러 가면서 쉴 수 있도록 해 주고 싶으실 거예요. 이러한 모습을 제가 감히 지적하거나 비난하려고 하는 게 아닙니다. 만약 제게 초등 아이가 있었다고 하더라도, 아이가 주말만큼은 놀게 해 주고 싶었을 거예요.

그런데 여러분, 초등 때 주말 공부를 아예 해 보지 않았던 학생이 갑자기 중학생 때 주말 공부를 할 수 있을까요? 그렇지 않습니다. 오히려 초등 때는 아예 주말 공부를 시키지 않았던 부모님이, 갑자기 중학생이 되자마자 주말 공부를 하라고 시키는 게 아이에게는 초등과 중등 사이의 괴리감을 키우는 것이며, 공부 지속력에 있어서도 부정적인 영향을 줍니다.

그러니 늘 제가 누차 강조해 드리는 것처럼, 중학생 때 필요한 습관을 초등 때 몇 개월이라도 좋으니 미리 함께 연습하면서 적응을 한 뒤에 중학교로 진학하는 게 공부 지속력을 지키는 길입니다. 초등 아이한테 주말 공부를 하라고 하면 아이와 다투거나 갈등이 생겨서 공부 지속력을 약화시킬 수 있다고 생각하실 수 있습니다. 하지만 장기적으로 봤을 때는 아직 아이가 부모님 말을 잘 들을 초등 때부터 그 습관을 함께 연습해 보는 것이 공부 지속력을 강화시키는 길입니다.

주말 전용 문제집을 마련해 보기

제가 가장 먼저 제안해 드리고 싶은 건 '주말 전용 문제집'을 마련해 보는 것입니다. 저는 초등 아이들이 '주말은 내가 부족한 부분에 대해 보충 공부를 하는 날'이라는 인식을 가졌으면 좋겠습니다. 그렇게 하려면, 평일에 원래 하고 있는 문제집은 그대로 두되, 아이가 유독 약한 파트에 대해 문제집을 추가로 준비하여, 그 문제집은 평일에는 하지 않고, 주말에만 하루 한두 페이지라도 좋으니 부모님과 함께 해 보는 습관을 만들어 보시면 좋겠습니다. 예를 들어 아이가 수학의 도형을 어려워한다고 하면, 도형 문제집을 준비하여 주말에만 풀어 보는 것이죠. 아이가 글쓰기를 어려워한다고 하면, 글쓰기 연습을 해 볼 수 있는 문제집을 준비하여, 주말에만 해 보는 것이죠.

이렇게 아이가 평소 약했던 부분에 대해서 주말에 그 문제집을 풀어 보면서 약점을 채우는 시간을 가져 보시면 좋겠습니다. 이를 통해서 초등 아이가 '아, 주말은 무조건 노는 게 아니라, 내가 평소 어려워하는 걸 연습한 뒤에 노는 거구나!'라는 인식을 가지게끔 이끌어 주시면 좋겠어요. 중고등 시기에 공부를 잘하려면 자신이 약한 파트를 자신이 알고, 그걸 주말에 보충 공부해 보는 습관이 되게 중요하거든요. 그 습관을 꼭 초등학생 때부터 자연스럽게 만들어 주면 좋겠다는 생각입니다.

주말에 복습의 날 가지기

제가 그동안 여러 권의 책을 집필하면서, 공통적으로 반복해서 강조한 내용이 바로 '복습의 날'입니다. 그만큼 중요한데요. 매주 주말 중 하루 정해서 일주일 동안 공부했던 내용을 복습하는 시간을 가지는 것입니다. 중고등학생 중 복습이 중요하다는 걸 모르는 학생은 없지만, 실제로 제대로 복습을 실천하는 학생은 거의 없습니다. 복습은 이미 한 번 공부했던 걸 두세 번 보는 지루한 과정인데, 중고등 때는 워낙 새롭게 공부해야 할 내용이 많다 보니 자꾸만 복습을 미루게 되는 것이죠. 그래서 제가 중고등 때 만든 루틴은 매주 요일과 시간을 고정해 놓고, 그 시간이 되면 아무리 마음이 급하더라도 일주일간 했던 공부를 복습하는 것이었습니다. 저는 매주 일요일 오전 11시를 무조건 복습하는 날로 정했고, 이게 제가 꾸준히 복습할 수 있었던 비결이었어요. 그러니 이러한 습관을 초등 때부터 확실히 가지고 있는 게 좋겠고, 매주 주말에 그걸 해 보면 좋겠습니다.

주말 이틀 중 하루를 정하고, 시간은 딱 30분이면 됩니다. 이렇게 정해 둔 요일과 시간이 되면, 부모님과 아이가 나란히 앉아서 아이가 일주일 동안 공부한 문제집을 가져다 놓고, 아이가 개념을 정확히 알고 있는지도 물어봐 주시고, 아이가 틀린 문제들도 다시 한번 풀어 보도록 하는 것입니다. 처음부터 꼭 전 과목을 다 하지 않아도 됩니다. 일단 수학부터 차근차근 시작해 보시면 좋겠습니다.

이렇게 연습해 보는 모든 습관은 초등 때 하지 않아도 아무런 문제 없이 초등 6년이 잘 흘러간다고 말씀드렸습니다. 그런데 이러한 공부 습관을 중학교 때 갑자기 시작하려면 어려우니, 초등 때부터 중심을 잡을 수 있도록 차근차근 연습을 시켜 주시면 좋겠습니다. 제가 말씀드린 주말 공부 습관은 '주말에 놀지 말라거나, 주말에 놀러가면 안 된다'는 의미가 절대 아닙니다. 놀아도 좋고, 놀러가도 좋지만, 하루에 10~20분이라도 좋으니 주말에도 공부와 관련된 활동을 하면서 습관 형성에 신경써 보시면 좋겠다는 생각입니다.

매일 공부 루틴으로 이유 없는 슬럼프에서 벗어나게 해 주세요

가짜 슬럼프에 대한 이해

초등 고학년 학생 중에서 일부 학생들은 자신의 현재 상태를 '공부 슬럼프 상태'라고 표현하기도 합니다. 특히 공부 집중이 잘 되지 않을 때나 공부하기 싫을 때 '슬럼프'라는 표현을 쓰죠. 그런데 그중 대부분은 '가짜 슬럼프'인 경우가 많습니다. 그러므로 학부모님은 진짜 슬럼프와 가짜 슬럼프의 차이를 알아 둘 필요가 있습니다.

우선 진짜 슬럼프는 '평소 열심히 공부를 하던 학생'에게 찾아오는 현상입니다. 분명 열심히 공부했는데 본인의 실력이 늘지 않을 때나 최선을 다해 시험을 준비했는데 원하는 결과를 얻지 못했을 때 찾아오는 경우가 많습니다. 스스로 정체된다고 느끼면서 공부를 계속하긴 하지만 의욕이 떨어지고 무력감과 혼란스러운 마음이 들게 되는 것이죠. 주로 겉으로는 아이가 책상에 앉아 있는데 평소 잘 집중하던 모습과 달리 유독 집중하지 못하거나, 공부 효율이 떨어지는 모습으로 나타나기도 합니다. 이럴 때 아이는 "열심히 했는데 실력이 안 늘어서 힘들다."라는 식의 표현을 하기도 합니다.

이러한 진짜 슬럼프가 찾아왔을 때는 정말 제대로 된 휴식과 재정비 시간이 필요할 수 있습니다. 초등 시기에 이러한 슬럼프가 반복되면 지치게 되어 중고등 때 힘을 잃게 될 수도 있는 만큼, 아이가 이러한 모습을 보이면 과감히 일주일 정도 공부를 모두 중단하고 아이가 하고 싶은 활동들도 마음껏 함께하면서 시간을 보내며 재충전의 시간을 가지는 게 도움이 됩니다.

반면 가짜 슬럼프는 '원래 열심히 공부를 하지 않았던 학생'이 오늘따라 공부하기 싫을 때 그 핑계와 합리화를 위해 슬럼프라는 용어를 사용하는 걸 의미합니다. 진짜 슬럼프를 겪는 게 아니라, 공부하기 싫은 핑계 중 하나로 내세우는 것이죠. 자꾸 공부를 미루려 하거나 회피하고, 그나마 지켜 오던 공부 루틴마저도 깨지게 됩니다. 그리고 진짜 슬럼프인 학생은 이미 몸에 공부 습관이 잡혀 있어서 일단 책상에 앉아 공부하는 모습을 보이지만, 가짜 슬럼프인 학생은 아예 책상에 앉지도 않고, 침대에 누워 영상만 보며 시간을 보내는 모습으로 나타나는 경우가 많죠.

이런 학생들에게는 재정비와 충전보다는, '습관 회복'이 가장 최우선 과제입니다. 아침에 일어나서 독서 10분 하기, 매일 연산 문제집 한 페이지 풀기와 같이 작은 루틴부터 다시 부모님과 함께 잡아 나간다는 생각으로 차근차근 습관을 만들어 나가는 것이 필요합니다.

이렇듯 진짜 슬럼프와 가짜 슬럼프를 구분하고, 그에 따른 올바른 대처를 해 주는 것이 필요합니다. 그리고 두 슬럼프가 주는 핵심 메시지는 결국 '공부 습관'을 가지고 있는 것이 중요하다는 것입니다.

매일 하루도 빼놓지 않고
공부하는 습관

초등 시기 공부 습관에 있어서 가장 중요한 것 중 하나는 '공부를 매일 하는 게 당연하다. 안 하는 날이 있는 게 아주 특별한 경우고, 원래 나는 공부를 매일 하는 게 맞다.'라는 인식을 확실하게 아이에게 심어 주는 것입니다.

그러니 평일에 아무리 바쁘더라도 한 페이지만 해도 좋으니까, 세 문제라도 좋으니까 꼭 풀게 해 보는 것이 좋습니다. 놀러 가는 날 당일 아침에 세 문제라도 연산 문제를 푼 뒤에 외출하는 것도 좋습니다. 주말도 마찬가지입니다. 앞서 주말 공부를 강조했던 것도 같은 이유에서입니다. 평일 동안만 공부하고 주말 동안은 공부를 안 해 버리니까 무슨 일이 생기나요? 또다시 월요일만 되면 공부하기 싫다는 이야기를 아이가 습관처럼 하는 것이죠. 많은 학부모님이 이렇게 이야기하십니다. "어른들도 주말 동안은 일하지 않는데, 아이들한테 주말 동안 공부를 하라는 게 너무 과한 거 같다."라고 말이죠. 그런데 학부모님, 저는 반대로 생각합니다. 어른들은 이미 습관이 잡혀 있기 때문에 주말 동안 쉬더라도 다시 월요일에 일을 잘 해낼 수 있습니다. 그런데 초등 아이는 어떤가요? 주말을 다 놀아 버리면, 월요일에 다시 공부하기가 힘들고 수, 목, 금을 지나면서는 뭔가 습관이 잡히는 듯하다가 또다시 주말을 쉬어 버리니 습관이 원상복귀가 되어 버리는 것이죠. 저는 공부 습관 형성의 주된 실패 요인이 바로 주말을 완전히 다 쉬기 때문이라고 생각합니다. 습관이 형성되려면 매일 하는 게 중요한데, 주말을 쉬어 버리니 다시 예전으로 돌아가게 되는 것이죠. 그러니 토요일, 일요일에도 하루에 10~20분이라도 좋고 한 페이지라도 좋으니 꾸준히 하루라도 빠짐없이 공부하는 게 당연하다는 인식을 꼭 초등 학부모님께서 아이에게 신경 써서 만들어 주시면 좋겠다는 생각입니다.

독서도 마찬가지입니다. 독서도 자꾸만 공부 때문에 바쁘다는 이유로 하루이틀 빠지는 게 습관이 되면 초등 고학년이 되었을 때 공부량이 많은 날에는 당연하다는 듯 독서를 빼먹게 됩니다. 하루에 5~10

분이라도 좋으니 독서도 매일 하는 게 당연하다는 인식을 가질 수 있도록 도와주시면 좋겠습니다.

자율 숙제 루틴으로
자립심과 해내는 경험을 늘려 주세요

'숙제'에 관한 올바른 태도

초등 시기 공부는 크게 두 가지 종류로 나눌 수 있습니다. 학교나 학원 등 강제성이 부여된 숙제와 부모님의 지도하에 하는 공부로 나누죠. 그중 부모님의 지도하에 하는 공부는 부모님의 꾸준한 직접적인 지도가 있어야 하겠지만, 숙제는 부고님의 지도가 없더라도 아이가 스스로 해내는 습관을 가지는 게 중요합니다. 왜냐하면 부모님이 시켜서 하는 공부가 아니라, 아이가 학교나 학원에서 받아온 강제성이 부여된 숙제이기 때문이죠. 초등 아이들이 중학교에 진학하기 전까지 '숙제는 당연히 해야 하는 거야!'라는 인식을 확실하게 가지는 게 필요합니다.

하지만 이런 저의 바람과는 달리, 초등 아이를 둔 많은 가정에서는 아이가 숙제를 미루는 모습 때문에 아이에게 얼른 숙제하라고 잔소리하는 일이 반복되고 있습니다. 이러다가 아이가 정말 숙제를 안 해 버릴까 봐 걱정이 되고, 아이가 자꾸 미루다가 자는 시간이 늦어질까 봐 걱정이 되어서 숙제를 얼른 끝낼 것을 재촉하게 되는 것이죠. 그 과정에서 아이와 크고 작은 다툼이 반복되고 결국에는 언성을 높이게 되면서 아이의 공부 지속력에도 좋지 않은 영향을 주게 됩니다.

숙제를 이따가 하겠다는 아이

많은 초등 학부모님의 고민 중 하나는 아이가 숙제를 미룬다는 것입니다. 그런데 제가 하나 묻고 싶습니다. 숙제를 미루는 게 잘못된 건가요? 미룬다는 표현은 학원에 갈 때까지도 숙제를 안 하겠다는 표현이 아닙니다. 숙제를 하긴 할 건데, 다른 걸 먼저 하다가 숙제를 하고 싶다는 의미입니다. 초등 아이도 나름대로 본인만의 저녁 시간 운영 계획이 있고, 숙제를 가장 먼저 하는 게 아니라 미뤘다가 이따 하겠다는 의미인데, 학부모님은 아이가 숙제를 미루는 행위에 대해 큰 우려를 표하죠. 그리고 그런 아이에게 '숙제 미루지 마!'라고 하는 말은 아이 입장에서는 납득이 되지 않는 조언일 것입니다. 아이 입장에서는 학원에 가기 전까지만 숙제를 하면 되는 것이고, 이따가 숙제를 하겠다고 엄마한테 말하는 건데, 엄마가 갑자기 왜 숙제를 미루냐고 화를 내거나 무서운 표정을 지으면 납득이 되지 않을 거예요.

그러니 이럴 때는 아이한테 언제 숙제를 할 계획인지 정확히 숙제 시작 시간을 함께 정해 보자고 하고, 그 시간에 알람을 맞춰 두고, 그 시간이 되면 아이한테 숙제할 시간이 되었다고 알려 주는 정도로 해 주셔도 좋습니다. 현실성이 없다고요? 아닙니다. 숙제를 미룬다는 건 숙제를 안 하겠다는 게 아니라, 이따가 하겠다는 거고, 그 말을 믿어 주는 인내의 시간도 필요합니다.

아이들은 내가 스스로 나의 공부 계획에 결정권이 있다는 '자율성'을 느껴 보는 게 중요하거든요. 그게 쌓여서 나중에 중고등 때 자기 주도성을 가진 아이가 될 수 있는 겁니다. 이러다가 정말 학원에 가기 전까지 아예 숙제를 안 해 버릴까 하는 걱정으로 재촉만 하게 된다면 공부 지속력에 좋지 않을 거예요. 아이가 나중에 하고 싶다고 하면, 그 이유도 들어 보시고, 아이와 함께 숙제 시작 시간에 대해 이야기 나눠 보시면 좋겠어요.

그러다가 정말 학원 숙제를 안 하면 어떻게 하냐고 반문하실 수 있습니다. 저는 그 경험도 필요하다고 생각해요. 숙제는 엄마를 위한 게 아니라, 나를 위한 거였고, 숙제를 하지 않으면 내가 학원 선생님한테 혼나는 거라는 걸 아이가 깨닫게 해 주는 것도 필요하다고 생각해요. 안 해 가면 안 해 간 만큼의 깨달음이 있을 겁니다. 그러니 한 번쯤은 아이가 숙제를 이따가 하겠다고 하면 그 말에 귀를 기울여 주시면 좋겠습니다. 숙제를 미루는 건 아예 안 하겠다는 의지가 아니라, 결국 숙제를 나중에라도 하겠다는 마음이 담겨 있는 거니까요.

숙제를 스스로 해내는
습관을 만드려면

그러니 앞으로는 불안감을 조금 내려 두시고, 아이에게 숙제를 스스로 해내는 습관을 조금씩 심어 주시면 좋겠습니다. 우선 앞으로는 아이에게 저녁 내내 숙제하라는 이야기를 반복하지 마시고, 아이한테 직접 숙제를 몇 시까지 끝낼 건지, 그 끝내는 시간을 함께 약속하여 정해 보시면 좋겠습니다. 말로만 미루지 말라고 하는 게 아니라, 숙제를 끝낼 시간을 정하고 그 시간 전까지는 아이가 숙제를 미루고 다른 공부를 먼저 하더라도 지켜봐 주시면 좋겠습니다.

그리고 숙제를 제시간 안에 하지 못했을 때의 페널티도 함께 정해 보시면 좋겠습니다. 부모님이 그 시간 내에는 아이를 믿고, 아이에게 잔소리하지 않겠다고 말씀해 주시고, 대신 아이가 그 약속을 어길 경우 만화책 하루 동안 금지, 휴대폰 하루 동안 금지 등 아이와 함께 페널티를 정해 보는 거죠.

대신 이렇게 숙제를 끝낼 시간을 정하고 나서는, 절대로 숙제를 끝낼 시간이 안 되었는데도 "왜 숙제를 미루니?"라는 말로 재촉하시면 안 됩니다. 아이를 믿고 기다려 보세요. 그리고 때로는 아이에게 숙제가 있다는 사실만 적어서 알려 주시고, 숙제를 제대로 하는 건 아이한테 한번 맡겨 봐도 좋습니다. 또 가정에서 숙제를 끝내기 전까지는 만화책이나 전자 기기 등 아이가 하고 싶어 하는 걸 못 하게 하는 걸로 집안 규칙을 정해 두는 것도 좋습니다. 아이에게 늘 '해야 할 공부'를 먼저 하는 게 1순위이고, '하고 싶은 것'은 나중에 하는 것이 맞다는 인식을 주는 것이 필요하니까요.

이러한 것들을 통해서, 학부모님이 아이에게 매번 말로만 얼른 숙제 하라고 잔소리를 반복하기보다는, 차라리 이렇게 아이가 납득할수 있는 '큰 틀'에서의 규칙을 정해 두고, 그 속에서 아이가 자율적으로 숙제를 스스로 해내는 경험을 쌓도록 도움을 주시면 좋겠다는 생각입니다. 그리고 자꾸만 숙제할 때 집중력이 떨어지는 아이라면 옆에서 부모님도 책을 읽으시면서 아이와 함께 그 시간을 보내 주셔도 도움이 되겠습니다. 이를 통해 아이의 공부 지속력을 높이는 올바른 공부 태도를 함께 잡아 주시면 좋겠습니다.

3장

공부 지속력은
교과별로
다르게 접근해야 합니다

**초등 국어
공부 지속력,
어떻게 키워
줄까요?**

학교에서는 잘하면서 집에만 오면 독서록도 쓰기 싫어해요

초등 학부모의 고민 --------------------------------------

　저는 현재 초등학교 4학년 남자아이를 키우고 있는 학부모입니다. 다름이 아니라, 아이가 학교에서 독서록 숙제를 시키면 그래도 열심히 하려고 하는데, 집에서 독서록을 시키면 격렬히 거부해서 걱정입니다. 아이가 책을 읽기만 하는 게 다니라, 독후 활동도 했으면 좋겠는데, 책만 읽고 독서록을 도통 쓰려고 하지 않네요. 독서록이라도 열심히 써야 글쓰기 실력이 늘 텐데요. 이럴 때는 어떻게 해결할 수 있을까요? 독서록을 강제로라도 시켜야 할까요?

우선 아이가 책을 읽고 나서 독서록을 쓰길 바라는 마음은 충분히 공감하고 이해합니다. 특히 아이가 책을 잘 읽었는지 직접 확인할 방법이 없으니 독서록을 통해 확인하고 싶기도 하실 거고, 요즘 글쓰기도 중요하다고 하니 독서록을 통해 글쓰기 실력도 늘리면 좋겠다고 생각하실 거예요.

그런데 저는 아이가 독서록을 쓰는 걸 싫어하면 억지로 쓰게 할 필요가 없다고 생각합니다. 왜냐하면 책을 읽으면 무조건 독서록을 써야 한다는 규칙이 생기는 순간, 독서록을 쓰기 싫어서 오히려 책을 멀리하고 읽지 않게 되는 경우가 많기 때문입니다.

독서록은 필수가 아닙니다. 초등 시기에는 책에 대한 흥미를 일으키고, 책과 가깝게 만들어 주는 게 중요한데, 독서록이라는 요소를 넣는 순간 글쓰기를 싫어하는 아이들이 독서까지도 싫어하게 될 수 있어요. 그러니 아이가 독서록을 싫어한다면 아이가 책을 읽고 난 뒤에 부모님과 함께 책에 대한 이야기를 나눠 보는 것을 추천합니다.

여기에서 부모님과 아이가 독서 대화를 나누는 건, 줄거리만 깊이 파고드는 꼬리 물기식 질문을 하자는 게 아닙니다. "이 책의 주인공 이름이 뭐야?", "그 주인공이 무슨 사건을 겪었지?", "그래서 그 사건을 어떻게 해결했지?"와 같은 질문은 독서의 본질이 아닙니다. 이렇게 하는 건 책의 내용을 기억하고 있는지를 물어보는 암기력 테스트에 가깝죠.

독서에서 중요한 건, 능동적으로 책에 대해서 생각해 보고 고민해 보는 것입니다. 따라서 부모님이 아이의 생각을 유도하는 질문을 던져 주시면 좋습니다. "네가 이 책의 주인공이라면 이 상황에서 어떻게 행동했을 거 같아?", "네가 이 책의 작가라면 결말을 어떻게 바꾸고 싶어?", "이 책에서 가장 기억에 남았던 내용은 뭐야?", "이 책의 제목을 바꾼다면 어떻게 지어 보고 싶어?", "주인공에게 편지를 쓴다면 뭐라고 쓰고 싶어?", "이 책은 누구에게 추천해 주고 싶어?" 이렇게 아이의 생각을 유도하는 독서 대화는 '독서록'보다 더 강력한 독후 활동이 될 수 있습니다. 꼭 독서록이 아니어도 독후 활동이 가능하니, 독서록을 무조건 쓰도록 해야 한다는 부담감을 내려 두셔도 좋습니다.

그리고 글쓰기 실력을 올리는 방법은 독서록만 있는 게 아닙니다. 괜히 독서와 글쓰기를 결부시키다가 독서에 흥미를 잃게 하는 것보다는, 아이의 글쓰기가 걱정이라면, 이은경 선생님의 《초등 글쓰기 완성 시리즈》(상상아카데미)와 같은 글쓰기 교재로 따로 연습을 시켜 주시면 좋겠습니다. 꼭 독서록을 써야만 글쓰기를 잘할 수 있는 것은 아니니 걱정을 내려 두셔도 좋습니다.

그리고 만약 독서록을 꾸준히 쓰게 하고 싶다면, 일주일에 한두 권 정도만 적기로 아이와 타협을 해서 분량을 조절하는 걸 통해 아이의 부담을 줄여 주시면 좋겠습니다. 모든 책에 대해서 억지로 독서록을 쓰게 하면 독서와 멀어질 수 있습니다. 아이도 모든 책에 대해서 독서록을 쓰는 게 아니라, 한두 권 정도라면 받아들일 수 있을 거예요. 이렇게 하면 독서에 대한 아이의 흥미도 유지시키고, 독서록과도 좀 더 친숙해질 수 있게 될 겁니다.

독서록에 줄거리만 줄줄 쓰는데 어떡하죠?

요즘 저희 아이가 학교 독서록 숙제를 할 때 어떻게 글을 쓰고 있는지 확인해 보니 줄거리만 적고 있더라고요. 처음부터 끝까지 줄거리로만 다 채워 둔 걸 보니 이렇게 쓰는 게 맞는 건지 의문이 듭니다. 독서록을 형식에 맞춰 깔끔하게 쓰는 연습을 하면 좋겠는데, 어떻게 그런 연습을 시켜 줄 수 있을까요? 부모로서 아이의 독서록 쓰기를 도와주는 방법이 궁금합니다.

우선 독서록을 쓸 때 줄거리만 쓰는 건 좋지 않습니다. 나의 생각과 감상을 쓰는 게 중요하지, 줄거리만 가득 채우는 건 아쉬운 독서록입니다. 물론 줄거리라도 열심히 써 보면서 글쓰기에 흥미를 느끼고 자신감도 느끼는 것 자체는 긍정적이지만, 초등 고학년이 되고 나면 이제는 자신의 감상과 생각이 들어간 독서록을 쓸 줄 알아야죠.

그런데 아이한테 처음부터 "너의 생각을 써 봐!"라고 하면 경험이 부족한 아이들은 상당히 어려워합니다. 따라서 독서록 작성의 틀을 정해 주시는 게 좋은데요. 저는 제가 학생 때도 마찬가지였고, 제 과외 학생들에게도 늘 독서록을 5단계 과정에 걸쳐 써 보자고 이야기하는 편입니다.

1단계는 '이 책을 읽게 된 이유'를 가장 먼저 독서록에 써 보도록 하는 것입니다. 이 책을 누군가의 추천으로 읽게 된 건지, 제목을 보고 궁금증이 생겨서 읽은 건지, 표지를 보고 호기심이 생긴 건지 등 이 책을 왜 읽게 되었는지를 써 보면서 시작하면 좋습니다.

2단계는 '줄거리'를 적는 것입니다. 줄거리를 적을 때는 다섯 줄 이상 적을 필요가 없다고 이야기해 주시면 좋겠습니다. 구체적으로 어떤 사건이 일어났고, 어떤 결말이 있었는지를 구구절절 적을 필요가 없습니다. 어떤 등장인물이 나왔고, 어떤 주요 사건을 겪었으며,

어떤 교훈을 주는 이야기인지만 포함되도록 가볍게 두세 줄로만 적도록 지도해 주시면 됩니다.

3단계는 '가장 기억에 남는 부분과 그 이유'를 쓰게 하는 것입니다. 이 책을 읽으면서 어떤 부분, 어떤 장면이 가장 기억에 남았는지도 써 보고, 그 이유까지도 써 보게 하면서 아이의 생각과 감상이 포함된 독서록으로 만들 수 있습니다.

4단계는 '내가 주인공이었다면 어떻게 행동했을까?', '내가 이 책의 작가였다면 결말을 어떻게 바꿀까?', '나는 이 책과 비슷한 경험을 해 본 적이 있을까?'와 같은 내용을 상상하여 적어 보는 것입니다. 내가 주인공이 되어 보고, 내가 작가가 되어 보고, 내가 겪었던 일을 떠올려 보면서 이러한 내용을 독서록에 걱게 되면 훨씬 더 풍부한 내용이 담긴 독서록이 됩니다.

그리고 마지막 5단계로는 이 책을 읽고 나서 어떤 걸 새로 알게 되었는지, 어떤 다짐을 하게 되었는지를 쓰면서 마무리하는 것입니다.

처음부터 아이한테 한 페이지를 가득 채우라고 시키면 부담을 느끼고 힘들어하는 아이들도 많습니다. 하지만 이렇게 총 5단계에 걸쳐서 내용을 차근차근 처음부터 채워 나가게 '독서록의 기본 틀'을 만들어 주면 아이들도 이 과정을 따라가 보며 자연스럽게 독서록 분량도 늘어나고, 아이의 감상과 생각이 들어간 독서록이 완성될 것입니다.

그러니 부모님도 아이에게 이러한 틀을 제시해 주시고, 이 틀에 맞게 쓰는 걸 우선적으로 연습을 시켜 주시면 줄거리만 쓰는 아이의 습관을 바꿀 수 있을 것입니다. 그리고 이러한 형식의 반복으로 아이가 독서록에 자신감이 붙으면, 다른 글쓰기를 할 때도 좀 더 자신감 있게 도전해 볼 수 있을 겁니다. 그리고 아직 글쓰기 습관이 잡히지 않은 아이라면, 처음부터 이렇게 꽉 채워서 적을 필요 없이, 일주일에 1~2권 정도만 정해놓고 책을 읽은 뒤에 그 책에서 기억에 남는 내용과 그 이유 정도만 가볍게 두세 줄로 기록하는 습관부터 꾸준히 만들어 보는 게 좋겠습니다.

아이가 동화만 읽고 다른 분야는 통 관심이 없어요

초등 학부모의 고민 ---

아이가 초등학교 3학년인데, 엄마 마음으로는 과학책이나 역사책 등 다양한 분야의 책을 접했으면 하는데, 아이가 문학책만 읽으려고 하니 속이 타네요. 문학책을 뺏어 보기도 하고, 비문학책이 얼마나 중요한지 이야기를 해 줘도 아이는 늘 문학책만 찾는데 이걸 어떻게 해결해 줄 수 있을까요?

　제가 앞서 강조하여 말씀드린 것처럼, 편독은 절대로 잘못된 게 아닙니다. 어른들이 모든 분야의 책을 좋아하는 게 아닌 것처럼, 아이가 모든 분야의 책을 좋아하길 바라는 게 욕심이고, 그건 편독이 아니라 '취향'이 있는 것뿐입니다.

　요즘 많은 초등 학부모님이 아이가 문학책보다 비문학책을 더 열심히 읽기를 바라십니다. 비문학책을 읽으면 과학 지식을 쌓고 역사 지식을 쌓는 등 뭔가 가시적인 성과가 있다 보니 확인하기도 좋고 독서가 의미 있어 보이는데, 뭔가 문학책은 남는 것도 없고, 배우는 것도 없어 보일 겁니다. 그러니 공부하느라 바쁜 시간을 쪼개어 독서 시간이 생기면, 그 시간에 가급적이면 비문학책을 읽기를 바라시고, 아이에게 문학책 대신 비문학책을 권유하기도 하죠.

　하지만 사실 비문학책은 '공부'로 어느 정도는 대체할 수 있는 분야입니다. 수학 줄글책을 읽지 않더라도 초중고 수학 공부를 하는 데에 큰 지장이 없고, 과학 줄글책을 읽지 않더라도 초중고 과학 공부를 하는 데에 큰 지장이 없고, 역사 줄글책을 읽지 않더라도 초중고 역사 공부를 하는 데에 큰 지장이 없어요. 물론 당연히 다양한 분야의 비문학책을 접해 보는 게 도움이 되겠지만, 아이가 수학, 과학, 역사 줄글책을 읽기 싫다고 하면 안 읽혀도 되는 거예요. '필수'의 영역은 아니라는 것이죠. 그런데 부모의 욕심으로 아이가 좋아하는 문학책을 제한하고 비문학책을 쥐어 주려고 강제하는 순간, 아이는 점점 독서가 싫어질 겁니다. 비문학책이 정말 걱정이라면, 차라리 초등 시사 잡지나 과학 잡지를 읽혀 봐도 좋고, 아니면 시중에 있는 초등 독해 문제집으로라도 다양한 비문학 지문을 접하게 해 주시면 좋습니다.

오히려 문학책은 비문학책과 달리 '공부'로 대체 불가능한 분야입니다. 나중에 중고등 시기에 문학을 잘하려면 단순히 개념을 알기보다 감상 능력을 갖춰야 합니다. 감상 능력이란, 내가 이 책의 주인공이 되었다고 생각하고, 주인공이 슬퍼하면 나도 슬퍼하고, 주인공이 기뻐하면 나도 기뻐하면서, 주인공의 상황에 깊이 몰입해 보는 걸 의미합니다. 이러한 문학 감상 능력은 중고등 시기에 국어 공부를 열심히 한다고 해서 생기는 게 아닙니다. 유일하게 본인이 직접 문학책을 읽어 보는 걸 통해서만 배울 수 있는 거예요. 당장 부모님이 보셨을 때는 문학책을 통해 아무것도 배우는 것 없이 그저 시간만 허비하는 거라고 생각할 수 있겠지만, 오히려 문학책이 공부로 대체 가능한 비문학책보다 훨씬 더 중요한 고유의 역할을 합니다.

실제로 중고등 시기에 공부 잘하는 학생 중 취미가 '소설책 읽기'인 학생들이 많아요. 저도 마찬가지였고요. 안 그래도 공부할 때 지식을 배우는데, 또 비문학책이 손에 잡히지는 않겠죠? 그럴 때는 새로운 배경 속에서 새로운 인물이 등장하는 문학책이 공부로 스트레스를 받는 아이의 소중한 쉼터가 되어 주기도 합니다. 그리고 보통 중고등 시기에 문학을 공부로만 받아들이면 정말 딱딱하고 재미없는 과목이 되지만, 제 경우에는 초중등 내내 문학책을 꾸준히 읽다 보니 고등 때도 문학 문제를 푸는 게 늘 저만의 작은 즐거움이자 행복이었던 기억이 선명합니다.

그러니 학부모님, 꼭 기억하세요. 문학책을 좋아하는 아이에게, 문학책보다 비문학책이 중요하고 문학책은 의미가 없다는 이야기를 반복하거나, 문학책을 아이 손에서 빼앗는 건 아이의 국어 공부 지속력을 약화시키는 겁니다. 안 그래도 공부로 지친 아이한테 또다시 지식을 배우는 책을 읽으라는 건 부담이 되는 일이죠.

그러니 문학책을 좋아하는 아이한테 비문학책을 읽히고 싶다면, 문학책을 읽기 전에 10분이라도 비문학책을 읽는 조건을 만들어서 아이에게 부담이 되지 않는 선에서 약간의 강제성만 부여해 보세요. 그리고 그것도 안 된다면, 차라리 독서 학원을 보내 아이가 다양한 분야의 책을 꾸준히 접해 보게 하는 것도 방법이 될 거예요.

그리고 반대로 비문학책만 좋아하는 아이라면, 비문학책을 읽기 전에 10분이라도 좋으니 문학책을 읽는 조건을 만들거나 동일하게 독서 학원을 활용하는 것도 방법이 될 수 있습니다. 이러한 것들을 통해 아이의 국어 공부 지속력을 지켜 주시길 바랍니다.

그리고 초등 6년간 가장 중요하다고 생각하는 건, 앞서 강조드린 것처럼 하루라도 '독서'를 빼먹는 날이 없으면 좋겠다는 것입니다. '독서는 매일 하는 것'이라는 인식을 확실하게 아이에게 심어 줄 필요가 있습니다. 그렇지 않고 공부가 많다는 핑계로 하루이틀 아무렇지도 않게 독서를 놓치게 되면, 어느 순간부터는 '할 일이 많으면 독서는 안 해도 돼!'라는 인식이 생기면서 부모님도, 아이도 점점 독서의 존재를 잊게 될 것이고, 독서는 후순위로 밀릴 겁니다. 그러니 어떤 책을 읽어도 상관없지만, 초등 때는 매일 10분이라도 좋으니 독서 시간을 하루도 빠짐없이 확보하는 게 국어 공부 지속력을 지키는 방법이라고 생각해요. 그것도 안 되면 최후의 수단으로 전문가의 도움을 받아보게 되겠지만, 우선 부모님이 이러한 노력을 꼭 해 주시면 좋겠습니다.

그리고 많은 학부모님이 저에게 질문 주시는 것 중 하나가 '이 시기에 꼭 읽어야 할 전집, 시리즈'를 추천해 달라는 건데요. 독서는 수학이 아닙니다. 수학처럼 어떤 개념을 놓치면 그다음 학기가 어려워지는 공부 개념이 아니에요. 독서에서 가장 중요한 건 꾸준히 매일 시간을 내어 줄글로 된 책을 접하는 것일 뿐, 무조건 이 시기에 뭘 읽어야 하고, 뭘 안 읽으면 큰일 나는 건 정말 하나도 없습니다. 이 인식을 명확히 가지고 있으셔야 흔들리지 않을 수 있고, 아이가 관심 없어 하는 책을 억지로 들이미는 일도 없을 겁니다. '아이가 좋아하는 책이 최고의 책'이라는 믿음으로 뭐라도 좋으니 책을 꾸준히 매일 접하는 데 온 힘을 다해 주시면 좋겠어요.

도서관에서 줄글책은 안 읽고
만화책만 읽어요

초등 학부모의 고민 --

초등 때는 아이랑 같이 도서관에 주기적으로 가면 좋다고 해서, 현재 아이가 초등학교 2학년인데 주말마다 도서관에 데려가고 있어요. 그런데 한 가지 고민이, 아이가 평일에는 그래도 줄글책을 꾸준히 읽는데 도서관에 가면 집에 없는 만화책들만 읽으려고 하거든요. 이래도 되는 건지, 이럴 거면 오히려 도서관에 안 가는 게 나은 건지 궁금합니다.

아이에게 다양한 책을 읽히려는 목적으로 도서관에 데려가셨을 텐데 막상 도서관에 가니 아이가 자꾸만 집에 없는 만화책들만 즐거워하면서 종일 읽으려고 하면 걱정이 될 수 있습니다. 하지만 초등 시기에는 도서관이라는 공간 자체와 친해지도록 만들어 줄 필요가 있습니다. 도서관이라는 공간은 즐겁고 재미있고 또 가고 싶은 공간이라는 인식을 심어 주는 게 가장 1순위입니다.

많은 가정에서 초등 아이를 도서관에 처음 데려갈 때부터 무조건 다양한 분야의 책을 권유하고, 엄마가 원하는 책을 아이에게 읽히려는 경우가 많습니다. 그런데 그렇게 해 버리면 아이는 처음부터 도서관이라는 공간 자체에 거부감을 느끼고 다시는 가고 싶다고 하지 않을 겁니다. 학부모님의 마음이 너무 급하신 거죠. 일단 도서관을 좋아하게 하는 게 가장 중요한 만큼, 총 4단계로 나눠 보겠습니다.

1단계, 우선 도서관을 다니는 처음 몇 개월간은 만화책이어도 상관없으니 아이가 읽고 싶다고 하는 책은 뭐든 자유롭게 종일 도서관에 있는 동안 읽게 내버려 두시면 좋겠어요. 그리고 도서관에서 아이가 가고 싶어 하는 행사 같은 게 있다면 그런 것들을 체험하게 해 주셔도 좋아요. 이를 통해 아이에게 도서관에 대한 좋은 이미지를 주는 것이죠.

2단계, 그렇게 어느 정도 적응이 되면 그때부터는 아이랑 약속을 하나 해 보세요. 아이가 읽고 싶은 책을 도서관에서 마음껏 읽는 대신 집에 가기 전에 도서관에서 줄글책을 몇 권 정도 엄마랑 같이 빌려서 그걸 일주일 동안 집에서 읽자고 제안해 보는 거죠. 도서관에서 책을 빌리면 대출 기간이 정해져 있기도 하고, 아이도 이걸 평일에 다 읽어야 또다시 주말에 자신이 좋아하는 도서관에 갈 수 있게 되는 만큼, 도서관에서 빌려 온 책을 평일 동안 큰 거부 없이 읽으려 노력하게 됩니다.

3단계, 그렇게 점차 몇 달이 지나면서 적응이 되면 그때부터는 도서관에 가서, "네가 읽고 싶은 줄글책부터 한두 권 먼저 읽어야, 그다음 네가 읽고 싶은 만화책을 마음껏 읽을 수 있다."라는 조건을 내세워서 도서관에서 가서도 아이가 그나마 흥미로워하는 분야의 줄글책을 접하게끔 해 주시는 겁니다. 이렇게까지만 이끌어 주셨어도 사실상 성공입니다.

4단계, 마지막 단계로는 '엄마가 권유하는 줄글책 한 권, 아이가 원하는 줄글책 한 권' 이렇게 엄마의 추천 책까지 포함해서 두 권의 줄글책을 먼저 읽은 뒤에 자유 시간을 주는 형태입니다. 아이가 싫어하는 분야의 책도 자연스레 접근할 수 있도록 이끌어 줄 수 있죠.

그런데 많은 학부모님이 단계별 과정 없이 도서관에 가서도 만화책을 금지시키고 오로지 엄마가 원하는 책만 읽도록 해 버리니, 당연히 아이는 도서관 자체에 갈 이유도 없을뿐더러, 독서에 대한 흥미도 잃어버리게 되는 것입니다. 이러한 상황이 몇 년 동안 반복이 되었다면 아이가 독서를 싫어하는 건 당연한 결과겠죠. 그만큼 초등 시기는 독서에 대해 가까이하는 게 중요하고, 그러한 역할을 하는 게 도서관인 만큼, 제가 말씀드린 총 4단계의 순서대로 아이가 도서관을 친숙하게 느낄 수 있게끔 이끌어 주시길 바랍니다.

독해 문제집만 풀면
오답률이 높아져요

초등 학부모의 고민

요즘에 초등 때 국어 독해 문제집을 풀게 하는 집이 많다고 들어서, 초등학교 3학년인 남자아이한테도 독해 문제집을 풀게 하고 있는데요. 아직 여러 문단을 읽고 이해하는 게 어려워서 그런지는 몰라도 지문을 대충 읽는 거 같고, 문제도 대충 감으로 푸는 거 같고, 오답률까지 높아서 걱정이에요. 이렇게 풀다 보면 저절로 문해력, 독해력이 좋아지는 게 맞는 건지, 아니면 이 시간에 독서를 집중하는 게 맞는 건지 걱정이 됩니다. 괜한 시간 낭비를 하는 걸까 봐 고민이 되네요.

우선 독서는 '해야 한다'의 영역이고, 독해 문제집은 '해 두면 좋다'의 영역인 만큼, 당연히 독서가 독해 문제집보다 우선시되어야 하는 게 맞으며, 시간이 부족하다면 독해 문제집을 빼고 독서에 집중하는 게 맞습니다. 그리고 독해 문제집을 풀 때 오답률이 높다면, 벌써부터 문제를 풀기에는 아직 독해 실력이 부족하다는 생각이 들고, 아이에게 맞는 독해 문제집 선택이 필요해 보입니다.

　시중에 나와 있는 독해 문제집은 한 문단이 아닌 여러 문단으로 되어 있는 글을 읽고 문제까지 풀어야 하는 교재들입니다. 그런데 초등 아이들을 만나 보면 여러 문단이 아니라 아직 한 문단도 한 문장으로 제대로 요약할 줄 모르고 핵심을 파악하는 능력이 부족한 학생들이 많습니다. 여러 문단을 읽고 문제를 풀 때가 아니라, 한 문단에 대한 중심 문장부터 파악하는 연습이 필요한 것이죠. 그리고 초등 때부터 문제 풀이에 집중하다 보니, 지문을 한 문장 한 문장 꼼꼼하게 읽어 보면서 핵심 내용을 파악해 보고 전반적인 구조를 파악해 보는 독해를 하는 게 아니라, 그저 답 찾기에 급급한 학생들도 정말 많습니다.

　그러니 초등학생이라면 처음부터 여러 문단을 읽고 문제까지 푸는 독해 문제집을 하기보다는, 일단 한 문단의 핵심 문장을 찾고, 전반적인 구조를 파악하는 근본적인 요약 연습부터 하는 걸 강력히 권장 드립니다. 이게 바로 독해의 기본이자 본질이기 때문입니다. 이걸 연습해 볼 수 있는 교재로는 대표적으로《초등 문해력 한 문장 정리의 힘》(메가스터디북스),《요약독해의 힘》(길벗스쿨)이 있습니다. 이러한 종류의 책으로 일단 문제 풀이에서 벗어나 중심 단어 찾기, 중심 문장 찾기, 요약하기와 같은 본질적인 독해 훈련을 한 뒤에 시중에 있는 다른 독해 문제집을 풀어 보면 좋겠습니다.

그리고 독해 문제집을 푸는 목적은 글을 제대로 읽어 내는 방법, 즉 독해 방법을 배우기 위한 것입니다. 그게 바로 독서와 독해 문제집의 차이점이죠. 그런데 시중에 나와 있는 대부분의 초등 독해 문제집은 글을 읽는 독해 방법에 대한 구체적 설명 없이 그저 '지문'과 '문제 풀이' 구조가 반복되는 것들이 대부분이라, 독해 방법을 배울 수 없습니다. 독해 방법이 나와 있지 않으니, 초등 아이 대부분이 그저 지문을 눈으로 대충 읽고 문제를 푸는 과정만 반복하는 것이죠. 그러니 늘 독해 문제집을 선택할 때는 제대로 된 독해 방법이 담겨 있는 문제집을 활용하면 좋겠다는 생각입니다.《용선생 추론독해》(사회평론주니어),《백점백승 유형 독해》(메가스터디북스), 이렇게 두 개의 독해 문제집이 초등 눈높이에 맞게 독해 방법을 알려 주고 있으니, 이걸 활용해 현재 아이의 상황을 해결하고 독해력을 올려서 국어 공부 지속력도 높여 주세요.

어휘력에 도움이 된다는데
한자 공부를 너무 어려워해요

 초등 학부모의 고민 --

초등학교 3학년 여자아이의 학부모인데요. 아이의 어휘력이 또래 친구들에 비해 낮아 보여서 걱정입니다. 그래서 요즘에는 한자 급수 공부를 시켜 보고 있어요. 한자가 국어 어휘력에 도움이 된다고 들어서요. 그런데 아이가 한자 쓰기를 너무 어려워하고 한자를 외우는 것도 힘들어해서 고민이 되네요. 작가님이라면 이런 아이한테 어떻게 도움을 주실지 생각을 듣고 싶습니다.

아이의 어휘력에 대한 고민은 많은 초등 학부모님의 공통 고민인데요. 어휘력에 있어서 가장 중요한 건 당연히 독서입니다. 다양한 책을 읽으면서 그 맥락 속에서 다양한 어휘를 접해 보는 게 가장 중요하죠. 그리고 부모님과의 다양한 대화를 통해서도 어휘력이 만들어지고요.

그리고 여기에 추가적으로 어휘력을 길러 보고 싶다면 어머님이 말씀하신 것처럼 '한자'를 배워 보는 걸 추천해 드립니다. 결국 국어 어휘의 많은 것들은 '한자'로 이루어져 있기 때문에, 한자를 알고 있으면 어휘력도 자연스럽게 올라가더라구요.

다만, 어머님이 말씀하신 한자 급수 공부는 특정 급수부터는 결국 '한자 쓰기'가 추가되는데요. 어휘력 측면에서는 한자를 알아두고 한자와 친숙해지는 건 필요하지만, 한자를 쓸 줄 아는 건 중요하지 않습니다. 아직 초등 아이들은 머리가 작다 보니 암기력이 약한데, 그런 아이들에게 한자 암기까지 시키면 부담감을 느끼고 한자와 더욱 멀어지는 학생도 많아요.

그러니 아이가 한자 쓰기나 한자 암기를 어려워하면, 차라리 어휘 문제집 중 '한자'을 중심으로 한 한자 어휘 문제집 정도로 가볍게 정리해 보는 게 좋습니다. 제가 추천하는 한자 어휘 문제집은 《어휘를 정복하는 한자의 힘》(길벗스쿨),《초등 국어 한자가 어휘력이다》(키출판사)입니다. 이러한 문제집을 풀게 할 때는 한 번만 푼다고 해서 한자를 다 기억하기 어려우니, 한 문제집을 최소한 두 번 정도는 반복해보는 걸 추천해 드려요.

그리고 제가 학생 때 낯선 용어를 빠르게 암기할 수 있었던 건 모르는 용어의 한자어 풀이를 찾아보면서 했기 때문입니다. 그러니 어휘력이 약한 아이라면, 어휘 노트를 만들어 보게 하는 것도 좋아요. 아이가 어려워하거나 모르는 어휘가 나오면《속뜻풀이 초등국어사전》(속뜻사전교육출판사) 같은 한자어 풀이가 나와 있는 사전을 활용하거나 인터넷 검색을 통해서 한자를 찾아보고, 어휘 노트에 그 단어와 그 단어의 한자어 풀이를 적으며 정리해 봐도 좋습니다.

예를 들어서, 강수량이라는 용어는 '어떤 곳에 일정한 기간 동안 내린 눈, 비 등 물의 총량'이라는 뜻입니다. 이걸 그냥 통으로 암기하려면 어려울 수 있지만 한자어를 찾아보면, '내릴 강, 물 수, 헤아릴 량'입니다. '내리는 물의 양'인 것이죠. 이렇게 한자를 찾아보면서 용어를 정리해 보면 훨씬 더 오랫동안 직관적으로 뜻을 기억할 수 있습니다.

그러니 어휘력이 약한 아이라면 독서와 대화는 가장 기본이 되어야 하는 것이고, 그것과 함께 한자 학습 및 어휘 노트 작성에 도움을 주시면 학부모로서 아이의 어휘력 향상에 기여할 수 있겠습니다. 아이가 어려워하는 파트가 있다면 그 부분에 대해 적절한 조치를 통해 아이가 다시 자신감을 회복할 수 있도록 해 주는 것이 공부 지속력에 있어서 가장 중요한 부분이라는 생각이 듭니다. 그리고 아이에게도 지금 하는 한자 공부가 어휘력에 도움이 될 거라는 것을 늘 인지시켜 주시면 좋겠습니다. 한자를 외우거나 쓸 줄 아는 능력이 중요한 게 아닙니다. 모르는 어휘가 나왔을 때 한자를 찾아봐야겠다는 생각이 들 만큼 초등 아이가 한자와 친숙해지길 바라는 마음입니다.

**초등 수학
공부 지속력,
어떻게 키워
줄까요?**

수학 공부 봐 주다가
다투는 일이 잦아요

　초등학교 3학년 아이를 키우고 있는 엄마입니다. 아이가 아직은 수학 학원을 따로 다니지 않고, 집에서 제가 수학 공부를 함께 봐주고 있는데요. 요즘 들어서 자꾸만 아이랑 수학 때문에 다퉈서 고민입니다. 제가 볼 때는 좀 더 집중하면 쉽게 할 수 있는 내용인데 아이가 너무 어려워하니 답답해서 자꾸 감정적으로 반응하게 되고, 언성이 높아지네요. 이럴 때는 어떻게 하면 좋을까요?

초등 수학 공부에 있어서 가장 중요한 건 수학 자신감을 잃지 않는 것입니다. 한번 자신감을 잃는 순간, 회복하기 쉽지 않거든요. 초등 아이들은 그 과목에 대한 감정을 그 선생님에 대한 감정과 연결지어 판단하는데, 나에게 수학을 알려 주는 엄마와 수학 때문에 갈등이 반복된다면 자연스레 수학과도 멀어지고, 자신감도 떨어지게 될 것입니다.

학부모님, 제가 앞서 말씀드린 것처럼 엄마표로 하려면 감정은 아예 빼셔야 해요. 돈을 받고 과외를 하는 선생님이 되었다는 마음가짐으로 접근하셔야 합니다. 아이에게 감정적으로 반응해 버리는 순간, 더 이상 아이의 수학 선생님 역할을 해 줄 수 없습니다. 선생님은 아이에게 감정적으로 반응하지 않잖아요. 선생님이라면 아이가 어떤 내용을 어려워할 때 그 부분을 다시 한번 친절하게 설명해 주면서 이해를 돕고, 아이가 자꾸만 실수할 때 실수하지 않는 방법을 차근차근 알려 줍니다. 그런데 아이에게 감정적으로 화를 내거나 짜증을 내고 답답하다는 식으로 대하면 아이는 수학이 점점 싫어질 거예요.

그리고 예컨대 초등학교 3학년인 아이가 분수를 어려워하는 건 지극히 당연한 거라는 걸 아셔야 합니다. 어른들은 중고등까지 이미 경험하셨으니 초등 수학이 쉽겠지만, 초등학교 3학년인 아이가 분수를 처음 배우면 당연히 어려워요. 초등 아이의 눈높이에 맞게 바라볼 수 있어야 해요. 만약 어머님이 아이에게 수학을 가르치는 과정에서 여전히 감정 조절을 하지 못하시고, 아이가 초등 수학을 어려워하는 게 도저히 이해가 되지 않으시고, 자꾸만 아이에게 화를 내고 있으시다면, 엄마표를 하지 않는 걸 권유해 드려요. 엄마표라는 건 많은 책임감이 필요한 일입니다. 단순히 공부 좀 봐주는 느낌이 아니라, 정말 선생님의 역할을 하셔야 하는 거고, 그걸 못하시겠다면 무리할 것 없이 차라리 제대로 된 학원에 맡기고, 숙제만 할 수 있도록 이끌어 주시는 게 아이와의 갈등도 줄이고 수학 공부 지속력을 지키는 방향일 수 있어요.

저는 다이어트를 위해 헬스장에서 선생님께 개인 트레이닝을 받은 적이 있습니다. 만약 제가 운동 기구를 미숙하게 다뤘을 때, 트레이너 선생님께서, "왜 그걸 어려워하세요? 답답하네요.", "좀 더 집중하면 할 수 있는 걸 왜 몇 번이고 실수를 하세요? 이럴 거면 하지 마세요."라고 말했다면, 저는 금세 운동을 포기하고 다이어트도 실패했을 겁니다. 안 그래도 힘든 운동인데, 아직 익숙하지 않은 운동을 잘 못한다고 질책만 받으면 하기 싫을 거예요.

하지만 트레이너 선생님께서는 저를 그렇게 대하지 않으셨어요. "원래 운동이라는 게 처음부터 잘하긴 어렵거든요! 좀 더 꾸준히 하다 보면 해낼 수 있을 거예요.", "이제는 10개는 거뜬히 하시는데 오늘은 좀 힘들더라도 20개 한번 도전해 볼까요? 제가 옆에서 도와드릴게요." 이렇게 응원과 격려를 통해 저를 이끌어 주셨죠. 그 덕분에 저는 점점 자신감도 붙고, 꾸준히 하면 결국 해낼 수 있을 거라는 믿음도 생기고, 처음에는 스쿼트 10개도 힘들었는데 이제는 20개도 도전해 보며 점점 실력이 늘어 가는 경험을 할 수 있었죠. 공부도 마찬가지예요. 학부모님이 아이에게 이러한 운동 코치의 역할을 해 주시면 좋겠습니다.

초등 때 수학 자신감을 잃지 않으려면, 아이가 수학 때문에 혼나거나 짜증을 듣는 경험이 최소화되어야 하고, 응원과 격려 속에서 '나는 할 수 있다!'라는 마음가짐을 갖도록 하는 게 최우선 과제입니다. 만약 그 역할을 학부모님께서 해 주시는 게 어렵다면, 차라리 외부의 도움을 받는 게 수학 공부 지속력을 지키는 거라는 걸 기억해 주세요.

개념서 다음 심화서로 넘어가는 걸 힘들어해요

초등학교 5학년인 남자아이와 초등학교 3학년인 여자아이를 키우는 학부모입니다. 초등학교 5학년인 남자아이는 수학 개념서를 한 권 끝낸 뒤에 바로 심화서로 넘어가는 식으로 집에서 시켜 왔는데 별다른 어려움 없이 곧잘 따라오더군요. 그래서 초등학교 3학년인 여자아이한테도 이제 초등학교 3학년이 되었으니 그렇게 시키려고 하는데, 막상 개념서를 끝낸 뒤 심화서를 풀게 하니 오답률이 너무 높고 아이가 너무 어려워해서 걱정이 많아졌습니다. 개념 이해가 똑바로 안 된 건지, 수 감각이 부족한 건지, 어떤 식으로 방향을 잡아야 할지 모르겠습니다.

아이마다 수학 실력도 다르고, 수학 감각도 다릅니다. 어떤 아이는 개념서 한 권만 풀고도 바로 심화서를 풀 수 있기도 합니다. 하지만 어떤 아이는 개념서 여러 권을 끝낸 뒤에도 심화서를 어려워할 수 있죠.

특히 학부모님들이 꼭 아셔야 할 것은, 일반적인 수학 개념서와 심화서의 난도 차이가 생각보다 크다는 겁니다. 그렇기 때문에 아무리 개념서를 높은 정답률로 잘 풀어 냈고, 개념을 잘 알고 있더라도 곧바로 심화서를 풀면 어려워하는 학생들도 많아요. 그러니 그런 아이의 모습을 보면서 너무 걱정하거나 불안해할 필요는 없습니다. 당황할 필요 없이, 일단 심화서는 내려 놓고, 한 단계 낮추어 준심화 단계의 문제집부터 차근차근 짚고 넘어가면 좋겠습니다.

개념서를 푼 이후에 바로 심화서를 풀게 했는데 아이가 너무 힘들고 어려워하는 모습을 보인다고 하면, 한 단계를 낮추어 준심화 난이도 교재를 먼저 풀어 보는 식으로 해 보는 것이죠. 이렇게 서서히 난도가 올라가야 아이 입장에서도 그나마 도전해 볼 만하다는 느낌이 들어 수학 공부 지속력도 지킬 수 있고, 더욱더 탄탄하게 공부해 나갈 수 있을 겁니다.

수학 자신감은 자신의 수준보다 좀 더 어려운 수준의 문제를 끙끙대면서 고민하다가 결국 풀어 내는 과정 속 희열을 통해서 생겨납니다. 수학 자신감을 갖게 하기 위해서 쉬운 문제만 풀게 하라는 게 아니에요. 어려운 문제를 도전해 보게 하되, 너무 과하게 어려워서 아이가 도저히 손도 못 댈 문제를 시키지 말고 아이가 풀이를 조금이라도 적어 볼 수 있고, 고민해 볼 수 있는 수준의 문제를 도전해 보게 하는 게 좋다는 것이죠. 그래야 아이도 도전할 맛이 날 것이고, 그런 문제를 끝끝내 풀어냈을 때의 희열을 통해 수학 자신감이 생기는 겁니다.

그리고 처음에 개념서 공부를 할 때,《EBS 초등 만점왕 수학》(한국교육방송공사),《그림으로 개념 잡는 초등 수학》(키출판사)을 비롯하여 기본 개념 문제 위주의 구성인 문제집을 푸셨다면, 바로 준심화서 또는 심화서로 넘어가기 전에《디딤돌 초등수학 기본+응용》(디딤돌교육),《수학리더 기본+응용》(천재교육)과 같이 기본 문제와 응용 문제가 섞여 있는 형태의 개념서를 가지고, 다시 한번 개념도 복습해 보면서 응용 연습부터 해 보는 걸 추천해 드립니다. 그렇게 중간 단계 문제집을 거친 후에,《수학리더 응용심화》(천재교육),《최상위 초등수학S》(디딤돌교육) 같은 준심화서 또는《최고수준 초등수학》(천재교육),《최상위 초등수학》(디딤돌교육) 같은 심화서로 넘어가면 전보다는 좀 더 수월하게 문제를 풀 수 있을 것입니다.

첫 수학 개념서를 고르는 기준이 있을까요?

초등 학부모의 고민 -

초등학교 4학년인 아이의 수학 공부를 집에서 시키고 있는 엄마입니다. 아이에게 초등학교 4학년 2학기 수학 개념을 알려 주려고 하는데, 요즘 워낙 개념서의 종류가 다양하다 보니, 많은 개념서 중 첫수학 개념서를 뭘로 선택해야 할지 결정하기 어렵더라고요. 어떤 기준으로 고르는 게 좋을까요?

　원래 수학을 잘하는 학생이라면, 처음부터 개념과 응용이 섞여 있는 형태의 문제집으로 시작해도 좋습니다. 어차피 이러한 문제집들도 개념 설명이 충실하게 되어 있고 기본 유형 문제들도 충분히 연습할 수 있게끔 나와 있으며, 한 권의 책으로 기본부터 응용까지 연습해 볼 수 있기에 효율적인 선택이라고 할 수 있겠습니다. 이런 문제집을 처음 풀게 했을 때 아이가 곧잘 따라가면 이걸로 첫 개념서를 하시면 됩니다.

　하지만 수학을 싫어하는 학생이거나 어려워하는 학생이라면, 첫 개념서는 응용을 빼고 기본 문제로만 구성된 쉬운 개념서를 풀어 보는 걸 추천해 드리고 있습니다. 왜냐하면 수학을 싫어하는데 첫 개념서부터 나름 어려운 응용 난이도까지 접하게 되면 수학이 어렵다는 부정적 인식이 쌓여 흥미를 잃게 될 수도 있기 때문입니다. 이러한 학생들은 차라리 첫 개념을 배울 때에는 응용 없이 기본 개념에 집중한 개념서로 시켜 보시는 걸 추천해 드립니다.

　이렇게 기본 유형들로만 구성된 책으로 부담 없이 첫 개념을 배워 보면서 자신감도 얻고 차근차근 단계별로 밟아 나가는 것이 수학을 싫어하거나 어려워하는 아이들의 수학 공부 지속력을 지켜줄 것입니다. 개념서부터 자신감을 잃으면 더 어려운 건 도전하려 하지도 않을 겁니다. 첫 개념서만큼은 수학 자신감을 가득 채울 수 있도록 해 주시면 좋겠어요. 그리고 그렇게 하려면 남들이 하는 문제집을 따라 가기보다는 우리 아이의 수준에 맞는 문제집을 선택하는 게 가장 중요하겠습니다.

시간 절약보다 중요한 건 아이의 수학 공부 지속력입니다. 시간을 아끼려다가 첫 개념을 배울 때부터 응용 문제에 과도한 어려움을 겪고 수학과 멀어지면 안 됩니다. 기본 개념서를 하고 또 따로 응용 심화 문제집을 하려면 시간은 더 걸릴 수 있겠지만, 그렇더라도 이렇게 차근차근 밟아 가는 게 장기적으로는 수학을 어려워하는 학생들의 수학 공부 지속력을 지키는 올바른 방법이 될 것입니다. 아이의 성향에 따라 어떠한 문제집을 첫 개념서로 선택할지 고민해 보시면 되겠습니다.

곧 중학생인데
연산은 계속 가져가야 할까요?

아이가 초등 5학년인데도 여전히 연산 실수가 있습니다. 이제 5
학년이 되고 해야 할 공부들도 이것저것 많아져서 연산 문제집을 뺐
는데, 연산을 계속 집에서 시켜야 하는 건지 걱정됩니다. 초등 고학년
때도 연산을 계속해야 하는 건가요?

우선 수학 연산 같은 경우는 초등뿐만 아니라 중고등 아이들도 실수하는 경우가 정말 많습니다. 앞서 말씀드린 것처럼, 아무리 부모님이 아이의 실수에 대해 나무라고, 제대로 읽으라고 이야기를 하더라도 통하지 않습니다. 원래 사람은 누구나 실수를 하면서 배웁니다. 처음 부모가 되어 크고 작은 실수를 반복하며 건강한 아이를 키워 내신 것처럼, 아이들도 수많은 실수 속에서 마침내 진정한 공부를 하게 되는 것입니다. 그러니 연산 실수를 너무 걱정하지는 않으셔도 됩니다. 초등 때는 실수하는 게 당연한 거라고 인식하시는 게 중요합니다.

다만, 연산 실수가 많든 적든 초등 고학년 때도 꾸준히 연산 문제집을 풀도록 하는 게 좋겠습니다. 많은 초등 고학년 학생들이 이제 연산 문제집의 정답률이 높다는 이유로 연산을 그만두는 경우도 많은데요. 절대로 방심해서는 안 됩니다. 왜냐하면 중학생이 되어 45분이라는 제한 시간 동안 중간고사, 기말고사를 보게 되면, 연산을 정확하게 하는 것뿐만 아니라 빠르게 할 줄도 알아야 하기 때문입니다. 중고등 수학 시험에서 시간 내로 빠르게 풀 줄 아는 능력이 중요해지는 만큼, 연산 역시 정확도는 물론이고, 정확하면서도 빠르게 연산하는 연습이 중요합니다.

그러니 초등 고학년이 되더라도 꾸준히 연산 문제집을 접하게끔 하면서 연산을 정확하게 하는 연습을 반복하며 감각을 유지하는 것이 좋겠습니다. 초등 시기 연산 속도는 느려도 괜찮습니다. 정확성이 더욱 중요합니다. 초등학교 6학년 때까지는 꾸준히 연산 문제집을 풀게 하되, 실수에 있어서는 크게 화를 내시거나 감정적으로 반응하기보다 아이가 스스로 깨달을 때까지 실수를 반복해서 경험하도록 지켜봐 주시면 좋겠습니다.

연산을 귀찮아하는 아이들도 있을 거고, 그 모습에 대한 고민도 있으실 겁니다. 하지만 연산은 원래 누구에게나 재미없는 일입니다. 재미로 하는 게 아닌 만큼, 아이가 연산을 귀찮아하는 건 당연하니 아이의 그런 모습을 보면서 걱정하지 마시고, 매일 꾸준히 해낼 수 있도록 연산 공부를 시켜 주시면 좋겠습니다.

아이가 연산에서 자꾸만 흔들리는 순간, 문제 풀이를 할 때도 실수가 반복될 거고, 이렇게 연산 실수로 문제를 틀리는 경험이 쌓이면 수학 자신감도 떨어지게 됩니다. 연산을 꾸준히 반복하는 건 겉보기에는 지루하고 귀찮은 일이지만, 결국 연산에 대한 자신감이 수학 공부 지속력을 만든다는 걸 꼭 기억해 주시고, 매일 한 페이지라도 꾸준히 할 수 있도록 도와주시면 좋겠습니다.

초등 때 수학 심화서는 필수인가요?

초등 학부모의 고민 --

　이제 초등학교 3학년이 된 남자아이를 둔 학부모입니다. 주변을 보니 초등학교 3학년 정도가 되면 다들 수학 심화서를 풀게 하더라 고요. 그런데 저희 아이는 아직 개념도 어려워해서 심화서를 풀 단계 가 아닌 거 같기도 하고, 굳이 초등 때 어려운 수학 심화서까지 풀다 가 수학 자신감이 떨어질 수도 있다는 생각도 들어요. 그리고 어차피 중고등 올라가면 심화 문제를 많이 풀게 될 텐데 괜히 초등 때 아이 에게 너무 많은 부담을 주게 되는 건 아닐지 걱정이 되는 부분도 있 습니다. 그런데도 다들 주변에서는 이땜때 수학 심화서를 푼다고 하 니, 어떻게 해야 할지 고민이 됩니다.

우선 저는 초등학교 3학년 때부터는 심화까지는 아니더라도 응용이나 준심화 단계라도 좋으니 이제는 단순 개념을 뛰어넘어서 좀 더 곰곰이 생각해 보면서 풀어야 할 문제들을 접해 보는 걸 추천드립니다. 왜냐하면 그게 수학의 본질이기 때문입니다. 수학의 본질은 단순히 개념만 공부하고 연산을 하는 게 아니라, 사고력을 기르는 것입니다. 수학이라는 과목 자체가 원래의 목적이 하나의 문제를 곰곰이 생각해 보고 고민해 보고 다양한 풀이를 해 보면서 사고력을 기르기 위함입니다. 따라서 단순히 아이가 어려워할 수 있다는 이유로 심화 공부를 미루는 건 반대합니다.

원래 공부는 어려운 것입니다. 공부 지속력이란 쉬운 것만 하는 게 아니라, 어렵더라도 꾹 참고 이겨 내는 걸 배워 나가는 것이라고 말씀드렸죠. 이러한 심화 유형을 초등 때 전혀 접해 보지 않아서 한 문제를 골똘히 고민해 보고 풀어 본 경험이 없다면, 갑자기 심화 유형을 접하게 되는 중고등 때 느끼는 괴리감이 상당할 것입니다.

그러니 초등학교 3학년 때부터는 개념, 연산과 함께 바로 심화가 어렵다면, 일단 준심화 단계의 문제집을 풀려 보면서, 한 단계 더 높은 도전을 해 볼 수 있게끔 이끌어 주시면 좋겠다는 생각입니다. 그리고 준심화 난이도의 문제도 잘 풀게 된다면, 다음 학년부터는 난이도를 높여서 심화 문제도 도전해 보도록 해 주시면 좋겠어요.

그리고 특히 아이에 따라 심화서는 아직 어려워하는 경우도 많습니다. 그러다가 좀 더 성장하여 점점 심화 문제를 풀어 낼 수 있는 역량이 만들어지곤 하죠. 그러니 무조건 심화서를 들이밀기보다는, 일단 준심화서 정도까지만 해도 좋으니 아이의 수준보다 조금 더 어려운 문제 정도는 도전해 보는 과정을 통해 '적절한 스트레스'와 '소중한 성취 경험'을 통한 수학 공부 지속력을 만들어 주시면 좋겠어요. 초등 수학에 있어서 가장 중요한 건 수학 자신감을 잃지 않는 거라는 걸 꼭 기억해 주세요.

처음에는 아이와 다툼도 있고, 아이가 버거워할지도 모릅니다. 하지만 눈앞에 보이는 아이의 어려움 때문에 심화 문제를 아예 풀지 않기에는, 수학의 본질적인 목적인 사고력 향상에 있어서 부족함이 생길 수 있어요. 그러니 단기적으로는 아이가 어려운 문제를 풀 때 힘들어 하더라도, 양을 줄여 주고 어르고 달래서라도 함께 도전해 나가면서 아이가 결국 해낼 수 있도록 이끌어 주시면 좋겠습니다. 아이가 해 볼 만한 도전을 하여 성공해 보는 경험이 공부 지속력을 만듭니다. 그리고 분명 초등 때 심화 문제까지 경험해 두는 것이 중고등 때도 소중한 학습 원동력이 될 것입니다.

아이가 개념을 자꾸 잊어버려요

초등 학부모의 고민 --------------------------------------

초등학교 4학년인 아이를 엄마표 수학으로 가르치고 있습니다. 아이가 평소에 문제는 잘 푸는 거 같은데 개념을 정확히 알고 있는지 가끔 확인해 보면 잘 대답하지 못할 때가 있어요. 그리고 한두 달만 지나면 자꾸만 배운 내용을 쉽게 잊어버리는 거 같아서 지식이 쌓이지 않는 느낌이 들어 걱정이 되기도 합니다. 이럴 때는 어떻게 하면 좋을까요?

우선 수학에 있어서 중요한 것 중 하나는 개념 공부입니다. 요즘 개념은 슬쩍 대충 읽고 얼른 문제부터 풀려고 하는 학생들이 되게 많아요. 그러다 보니 개념을 정확히 알지도 못한 채로 그저 기계적인 문제 풀이만 반복하고 문제를 풀 때는 잘 풀었더라도 한두 달만 지나면 잊어버리게 되는 것이죠. 그러니 제가 늘 말씀드리는 건, 수학 개념을 이해했으면, 꼭 개념 암기까지 하고 넘어가면 좋겠다는 겁니다. 수학은 암기 과목이 아니라고 하는 분들도 있지만, 결국 모든 공부의 완성은 암기입니다. 수학 개념을 이해만 하고 외우질 않으니 자꾸만 시간이 조금만 흘러도 잊어버리는 거예요.

그러니 앞으로 엄마표로 하시는 분들은 엄마가 아이한테 개념을 설명해 준 다음에 바로 아이한테 문제를 풀게 하지 말고, 확실하게 아이가 말로 설명할 수 있는지 직접 개념을 물어봐 주시면 좋겠어요. 그리고 아이가 수학 학원을 다니더라도, 집에 와서 아이한테 바로 숙제를 하라고 할 게 아니라, 그날 학원에서 배운 수학 개념을 아이가 말로 설명할 수 있는지를 확인해 보는 시간을 꼭 가져 주시면 좋겠습니다.

그리고 자꾸 한두 달만 지나면 쉽게 개념을 잊어버리는 학생이라면, 문제집을 풀게 할 때 개념서 한 권을 처음부터 끝까지 끝낸 뒤에, 심화서 한 권을 새로 시작하는 형태로 진행하는 건 반대합니다. 이렇게 해 버리면 개념서 한 권을 처음부터 끝까지 공부하는 사이에, 1단원 내용을 잊어버려서 심화서를 풀 때 또다시 어려움을 겪게 되더라고요. 그러니 이러한 유형의 아이라면, 개념서의 1단원 공부가 끝나면 곧바로 2단원으로 넘어가지 말고, 바로 심화서(또는 응용서)의 1단원 부분을 풀어 보고, 그다음 다시 개념서 2단원을 나가고, 그다음 심화서 2단원을 이어서 풀고 이런 식으로 두 권의 문제집을 겹쳐서 공부하는 형태를 추천해 드려요. 이렇게 하면 자신이 공부한 개념을 두 권의 문제집으로 확실하게 확인을 하고 넘어가는 것이고, 개념 복습이 자연스럽게 되는 만큼 개념을 더 오래 확실하게 기억할 수 있습니다. 그러니 앞으로는 개념서 한 권이 다 끝날 때까지 기다렸다가 심화서 한 권을 새로 시작하기보다는, 한 단원씩 번갈아 가면서 여러 권의 문제집을 동시에 해 나가는 형태의 학습 방법을 시켜 보시면 좋겠습니다.

수학 머리가 없는 거 같아요

요즘 들어 초등학교 3학년인 남자아이가 분수를 배우면서부터 수학을 너무 어려워하고 힘들어합니다. 아이가 어릴 때 연산하는 모습을 보면 수학 머리가 없다는 느낌을 많이 받긴 했어요. 그래서 늘 아이한테도 "너는 수학 머리가 없으니 엄마랑 노력을 많이 해 보자."라는 말로 노력의 중요성을 이야기해 주고는 있는데, 아이가 의욕도 없어 보이고 엄마인 저도 괜히 수학 머리 없는 아이한테 억지로 수학 공부를 시키고 있는 건 아닌지 걱정이 됩니다. 앞으로 중고등 올라가면 수학이 더 어려워질 텐데 수학 머리가 없으면 수학을 잘할 수 없는 걸까요?

제가 초등 학부모님들한테 꼭 부탁드리고 싶은 게 있습니다. 초등 아이 앞에서는 절대로 '수학 머리'라는 말을 쓰지 않으셨으면 좋겠습니다. 수학이 재능이 있어야만 잘하는 과목이라는 인식이 생기면, 아이 입장에서는 노력해야겠다는 의욕 자체가 생기지 않을 거예요. 반대로 자신의 머리를 믿고 노력을 게을리하다가 성적이 떨어지는 경우도 많습니다. 그렇게 한 번 박힌 인식을 바꿔 주는 게 생각보다 어려운 만큼, 초등 아이한테 함부로 수학 머리가 있다거나 없다고 이야기하지 않으시면 좋겠습니다.

만약 아이가 수학자가 되고 싶다면 '수학 머리'가 중요할 수 있습니다. 만약 아이가 손흥민 선수 같은 축구 선수가 되고 싶다면, '축구 재능'이 필요한 게 맞아요. 그런데 지금 우리가 아이한테 수학 공부를 시키는 목적이 수학자가 되라는 거였나요? 아닙니다. 수학자가 아니라, 그저 초중고 12년 수학 공부를 위한 거잖아요. 초중고 12년 수학 교육 과정은 해당 학년 학생이라면 누구나 소화할 수 있게끔 설계가 되어 있습니다. 초등학교 3학년인 학생이라면 초등학교 3학년 수학 과정을 누구나 따라갈 수 있게끔 되어 있어요.

그러면 왜 초등학교 3학년인 아이가 분수를 어려워하는 걸까요? 수학 머리가 없어서 그런 거라고요? 아니죠. 이제 처음 배웠기 때문입니다. 어른들도 처음 하는 일은 낯설고 힘든데, 아이들한테도 당연히 처음은 낯설고 어려운 것입니다. 그걸 받아들여야 합니다. 당연히 처음은 낯선 거예요. 이럴 때는 차분히 개념부터 다지고 어려워하는 건 여러 번 반복해 나가면서 수학 공부량을 늘려 나가면 충분히 극복 가능합니다.

초중고 12년 수학은 수학 머리가 없어도 충분히 따라갈 수 있도록 설계되어 있다는 걸 잊지 마세요. 당연히 타고나게 수학 머리가 좋은 학생은 더 빠르게 수학 개념을 이해할 수 있겠지만, 수학 머리가 없다고 해서 못 따라갈 내용은 절대로 아닙니다. 그러니 수학자가 될 것도 아니면서 수학 머리가 없으니 초중고 수학 공부가 이미 큰일 났다는 식의 염려를 하지 않으시길 바랍니다. 수학 머리라는 키워드에 집중하면 할수록 점점 더 노력의 중요성은 부정당할 것이며, 어차피 해봤자 안 될 거라는 회의감만 늘게 될 것입니다. 수학 머리에 집중하는 건 전혀 공부에 도움이 되지 않는다는 것이죠. 그럴수록 더욱더 기본기부터 차근차근 다져 나갈 수 있도록 이끌어 주시길 부탁드립니다.

중학 수학 대비는
선행이 필수일까요?

초등 학부모의 고민 --

수학 선행에 대한 고민이 많습니다. 중고등 때 수학 시험을 잘 보는 학생들을 보면, 다들 수학 선행을 하고 온 학생들이라고 하더라고요. 저희 아이는 지금 현행 개념, 심화 위주로만 집중하고 있는데 당장이라도 선행 진도를 빼야 하는 건지, 그리고 선행을 한다면 어떤 식으로 하면 좋을지가 궁금합니다.

우선 꼭 하나 짚고 넘어가야 할 부분은 초등 때부터 선행을 했기 때문에 중고등 시험을 잘 본 게 아니라, 기본기부터 탄탄히 해 오다 보니 선행을 나갈 정도의 실력이 되었기 때문에 중고등 시험을 잘 본 것입니다. 선행 덕분에 시험을 잘 본 게 아니라, 선행을 나갈 수 있을 정도로 현행 기본기부터 탄탄히 다져 왔기 때문에 수학 선행이 가능했다는 것이죠.

선행 자체는 잘못이 없습니다. 예습을 해 두면 당연히 도움이 됩니다. 하지만 선행은 억지로 시키는 게 아니라, 저절로 되는 게 맞습니다. 일단 초등 때는 현행 과정의 개념 공부를 열심히 제대로 하는 게 1순위입니다. 그렇게 현행 개념 공부에 집중하다 보면 어느새 조금씩 학교 진도보다 앞서 나가게 되고, 그렇게 꾸준히 공부를 하다 보니 6개월, 1년씩 저절로 앞서 나가게 되는 것이죠. 보통 고등학교 진학 전까지 고1 수학을 해 두고 가는 게 좋다고 합니다. 그러면 단순 산술로는 '1년' 정도 앞서야 하는 것이죠.

그런데 이 이야기만 듣고 많은 초등 학부모님은 '헉! 1년 앞서야 한다고? 우리 아이는 초4인데 1년은커녕 현행만 하고 있는데 큰일 난 거 아니야? 지금이라도 1년 앞서야 하나?'라는 생각으로 엄청 불안해하십니다. 그런데 이건 너무나도 단순한 사고방식입니다. 선행이라는 건 하다 보면 속도가 붙어요. 즉, 초등 때 현행에 충실하다 보면 어느 시점부터 조금씩 앞서 나가기 시작하고 초등 고학년이 되고 중학생이 되면서부터 점점 속도가 붙어서 1년 선행이 완성되는 경우가 대부분이죠. 그러니 '1년'이라는 것만 보고 초등 때부터 너무 걱정하거나 우려하지 않으셔도 됩니다.

그리고 학부모님이 기억하셔야 할 건, 현행에 대한 기본기가 탄탄해야 선행을 하더라도 곧잘 따라갈 수 있다는 것입니다. 수학은 초중고 12년의 내용이 유기적으로 연결되어 있기 때문에, 이전 학년의 개념이 정확히 잡혀 있지 않으면 선행도 어려울 수밖에 없는 구조입니다. 그러니 늘 선행의 조건은 현행의 개념을 제대로 공부했다는 게 전제되어야 합니다.

그리고 수학 선행을 할 때 아이의 수학 공부 지속력이 망가지는 경우도 정말 많습니다. 초등학교 3학년인 아이한테 초등학교 5학년 수학을 시키면 당연히 어려워하고, 그게 적당한 어려움이나 스트레스면 괜찮지만, 아이가 너무 어렵다고 느끼는 기간이 길어질수록 점점 아이는 '나는 수학을 못 하는 아이야.'라는 부정적 인식이 쌓이면서 수학 자신감을 잃어버리기도 합니다.

그러니 아이에게 수학 선행을 시킬 거라면, 선행을 하는 과정에서 정말 아이가 잘 이해하지 못한 채로 따라가고 있는 건 아닌지, 혹시나 아이가 너무나도 큰 스트레스를 받고 있는데 억지로 하고 있는 건 아닌지, 아이가 점점 수학에 대한 자신감을 잃어 가고 있는데 그 모습을 외면하고 있는 건 아닌지를 섬세하게 관찰해 주셔야 합니다. 선행을 하다가 아이의 수학 공부 지속력이 망가져 버리면 안 하느니만 못한 거니까요.

또 수학 선행을 해도 좋지만, 그걸 하느라 국어, 영어와 같은 다른 과목 공부 시간을 빼앗겨도 안 됩니다. 초등 시기에 '독서'는 필수이고, 수학 선행은 '선택'의 영역입니다. 그런데 이게 역전되어 초등 때 "수학 선행하느라 책 읽을 시간이 없어요."라는 말씀을 하는 초등 학부모님이 굉장히 많습니다. 이러면 안 됩니다. 앞뒤가 완전히 바뀐 것이죠. 책 읽을 시간이 없는 상황이면 선행 속도를 늦출 생각을 해야지, 선행하느라 책 읽을 시간이 없다는 글을 듣고 있자니 정말 속상합니다. 어떤 게 필수이고, 어떤 게 선택의 영역인지 구분할 줄 아셔야 하고, 특히 수학 선행 때문에 다른 과목 공부 시간을 빼앗기거나 현행 수학 개념을 놓치는 일은 없었으면 좋겠다는 생각입니다.

그리고 저는 수학 선행을 할 때 꼭 심화 단계까지는 하지 않아도 된다고 생각해요. 좀 더 나아간다고 해 봐야 개념 공부 후에 응용 수준까지만 도전해 봐도 좋다고 생각하고, 심화는 선행 때는 하지 않고 현행 때 교과 심화 문제집을 풀어도 된다고 생각합니다. 어찌 되었든 선행은 자기 학년보다 더 어려운 내용을 공부한다는 의미인 만큼 개념까지는 잘 소화하더라도 심화는 어려울 수 있기도 하고, 그 나이가 되어서야 머리가 더 크면서 이해되는 심화 문제들도 많을 것이기 때문입니다. 그러니 현행 심화와 선행 개념 공부를 병행하는 느낌으로 진행해 주시면 좋겠다는 게 저의 조언입니다.

오답 노트, 개념 노트를 안 쓰려고 해서 다투게 돼요

초등학교 5학년인 여자아이를 둔 학부모입니다. 이제 곧 초등학교 6학년 그리고 중등 시기를 앞두고 있으니, 아이가 이제는 자신이 틀렸던 문제에 대해 오답 노트도 깔끔하게 정리해 보고, 자신이 배운 개념에 대해 개념 노트도 예쁘게 정리해 보는 습관을 만들면 좋겠다는 생각인데요. 아이한테 아무리 개념 노트나 오답 노트를 써 보라고 이야기를 해도 아이가 귀찮다면서 거부하네요. 어릴 때부터 습관을 잡으면 좋을 텐데 자꾸 아이랑 이 부분에 대한 갈등이 반복되어 걱정입니다. 어떻게 하면 좋을까요?

우선 제가 꼭 학부모님들한테 말씀드리고 싶은 건 수학 개념 노트와 오답 노트를 만들지 않아도 된다는 것입니다. 어쩌면 개념 노트와 오답 노트는 우리 아이가 공부를 잘하고 있다는 걸 눈으로 확인하고 싶은 학부모님의 욕심에서 비롯된 요구라는 생각이 들기도 합니다.

우선 오답 노트부터 말씀드리겠습니다. 오답 노트는 노트 한 권을 준비해서 자신이 틀렸던 문제에 대해 틀린 이유와 풀이 방법을 깔끔하게 정리하는 걸 의미합니다. 그런데 저는 오답 노트가 그다지 효율적인 공부 방식이라고 생각하지 않아요. 왜냐하면 오답 노트를 쓰는 데에 꽤 많은 시간이 소요되고, 오답 노트를 썼더라도 쓰기만 하고 끝나는 게 아니라 또다시 오답 노트를 넘겨 보면서 공부해 봐야 하는 것이기 때문입니다. 그리고 실제로 중고등 때 수학 잘하는 학생 중 오답 노트를 쓰는 학생은 거의 없어요. 학원에서 시키는 경우는 있어도, 스스로 찾아서 쓰지 않습니다. 오답 노트의 목적은 내가 틀렸던 문제를 다시 틀리지 말자는 목적인 만큼, 저라면 차라리 그 시간에 제가 틀렸던 문제를 주기적으로 풀어 보면서 반복 학습을 할 것입니다. 오답 노트는 굳이 안 해도 되는 비효율적인 공부입니다.

그러니 아이가 틀린 문제를 또 틀리지 않길 바라신다면, 차라리 한 단원이 끝날 때마다 아이에게 그 단원에서 틀린 문제를 다시 풀게 하고, 문제집 한 권이 끝날 때마다 그 문제집에서 틀렸던 것들을 다시 풀게 하면서 여러 번 풀이를 가리고 노트에다가 틀린 문제를 주기적으로 공부해 보는 방법을 더 추천드립니다.

그리고 개념 노트도 마찬가지입니다. 중고등 때 수학 잘하는 학생 중 개념 노트를 꾸준히 쓰는 학생은 거의 없어요. 수학 잘하는 학생들은 그걸 그 많은 시간 들여서 예쁘게 쓰고 있을 시간에 개념 공부를 한 번이라도 더 제대로 하고 있습니다. 개념 노트 쓰기는 상당히 귀찮고 지루하고 비효율적인 공부 방법이라고 생각합니다. 개념 노트의 목적은 개념을 정확히 알자는 것이니, 차라리 처음 개념 공부를 할 때 제대로 시키는 게 더욱 좋겠습니다.

개념 공부는 다음과 같이 총 5단계로 해 보면 좋겠습니다.

1단계, 우선 개념을 차분하게 읽어 보고 공식의 원리를 공부해 보는 것입니다.

2단계, 중요한 부분에 형광펜 표시를 하거나 빨간색 볼펜으로 밑줄을 그어 보는 것입니다. 눈으로만 읽는 것보다 공식이나 새로운 개념 등 중요 부분에 표시를 해 두면 더욱더 효과적으로 암기할 수 있습니다.

3단계, 친구한테 이 내용을 설명해 준다는 생각으로, 개념을 보면서 친구에게 설명하는 듯한 말투로 직접 설명을 해 봅니다. 직접 설명할 줄 아는 것이 본인이 그 개념을 확실히 이해했다는 증거입니다.

4단계, 종이에 가분수, 대분수 이런 식으로 핵심 키워드만 적어 놓고 책은 덮습니다. 그리고 이제는 책을 보지 않고 기억력에 의존하여 이게 무슨 의미인지를 기억나는 대로 말로 설명해 보거나 손으로 써 봅니다. 책을 보지 않고도 설명할 줄 알아야 개념 공부가 완성이 되는 겁니다.

5단계, 이렇게 말로 설명해 보거나 손으로 써 본 것 중 빠진 내용이 없는지를 책을 펼쳐 비교해 보면서 부족한 부분을 보완해 나가면서 개념 공부를 마무리합니다.

굳이 예쁘게 개념 노트를 정리하는 데에 시간을 들이는 것보다, 이렇게 5단계를 반복하면서 탄탄하게 개념 공부를 해 나가는 걸 더 추천드립니다. 이게 더 실천하기에도 편하고, 중고등 시기에도 지속해 나갈 수 있으니 훨씬 도움이 될 것입니다.

이렇듯 수학 오답 노트와 개념 노트 둘 다 하지 않아도 되니 아이와 이것들로 갈등을 일으키지 않으시길 바랍니다. 오답 노트와 개념 노트를 작성하라고 하는 건 아이를 위한 것이 아니라, 아이가 공부를 잘하고 있는지 확인하고픈 부모의 욕심일 수 있습니다. 차라리 그것보다 제가 제시한 방법으로 아이가 확실히 틀린 문제를 이해한 게 맞는지, 개념을 정확히 정리한 게 맞는지를 확인해 보는 게 아이의 수학 공부 지속력을 키워 주면서 좀 더 시간을 아끼고 효율적으로 공부할 수 있는 방법입니다. 그리고 만약 아이가 나중에 중고등 시기에 제대로 된 필기 방법에 대해 궁금해하거나 필기를 해보고 싶은데 어려워한다면,《중학생을 위한 필기법》(사람in)을 건네주셔도 좋겠습니다.

아이가 식을 안 쓰고 암산으로
문제를 풀어요

초등학교 4학년인 아이가 자꾸만 암산을 하다가 문제를 틀립니다. 저는 늘 아이한테 객관식 문제여도 식을 다 써 보라고 하는데, 아이는 어차피 암산으로 하면 되는 걸 왜 귀찮게 식을 다 써야 하냐며 반문하네요. 그래 놓고 암산이라도 잘하면 모르겠는데 자꾸만 암산으로 하다가 실수를 해요. 나중에 중등 때 서술형 문제도 잘 풀려면 식 쓰기가 중요할 텐데, 이럴 때는 어떻게 해 주어야 할까요?

초등 아이가 수학 문제를 풀 때 자꾸만 실수를 해서 고민이 되시나요? 옳지 않은 것을 구하라고 했는데 옳은 것을 구해 두고, 덧셈을 하라고 했는데 뺄셈을 해 두고, 모두 쓰라고 했는데 몇 개만 써 두고, 답이 두 개라고 했는데 한 개만 써 두고, 암산으로 하다가 또다시 계산 실수를 하고, 이렇게 자꾸만 수학 문제를 풀면서 실수하는 모습을 보면 답답하고 화가 날 것입니다. 아이가 아예 수학 개념을 모르면 몰라도, 분명 개념을 알면서 자꾸만 집중력이 떨어지고 덜렁거리며 실수하는 모습을 보면 순식간에 화가 올라올 겁니다. 그래서 이러한 실수를 줄이기 위해 아이들에게 모든 수학 문제에 식을 쓰도록 지도하시는 학부모님들도 많습니다.

그런데 아이는 모든 수학 문제에 식을 써야 한다는 걸 납득할 수 있을까요? 납득하지 못할 것입니다. 왜냐하면 애초에 그 수학 문제는 '답'만 적으라고 되어 있는 문제이고, 올바른 번호만 적으라고 되어 있는 문제이기 때문입니다. 문제에서 식을 쓰라고 한 적이 없는데 자꾸만 자신에게 귀찮게 식을 쓰라고 하는 부모님한테 화가 나고 이런 부모님이 이해되지 않을 것입니다.

그리고 종종 실수가 있더라도 이미 암산을 할 줄 아는 아이 입장에서는, 식을 손으로만 쓰지 않을 뿐, 이기 머리로 식을 쓰고 있는 것과 같아요. 암산을 할 줄 아는데, 그걸 또 굳이 시간이 걸리게 비효율적으로 식을 쓰라고 하는 부모님이 이해가 안 될 것입니다.

아이들의 실수를 줄이기 위해 식을 요구하지 않은 수학 문제에 대해서도 처음부터 전부 다 식을 쓰게 하면, 진도는 진도대로 늦어지고, 아이의 수학 공부 지속력에도 좋지 않습니다. 문제에서 하라고 한 것도 아닌 걸 해야 하는 게 정말 귀찮은 일이거든요.

그러니 앞으로는 아이의 공부 지속력을 지키면서 수학 실수를 줄여 주고 싶다면, 다음의 네 가지 방법을 활용해 보시길 추천 드립니다.

첫 번째, 아이에게 원래 방식대로 풀게 하되, 아이가 틀린 문제에 대해서만 다시 식을 써 보는 연습을 시켜 주시면 됩니다. 아이가 암산으로 맞은 문제까지 처음부터 식을 쓰게 할 필요는 없습니다. 사실 암산 역시 수학에서는 중요한 능력 중 하나입니다. 그러니 원래 방식을 존중하되, 틀린 문제에 대한 식을 써 보면 되는 것이죠.

두 번째, 《나 혼자 푼다 바빠 수학 문장제》(이지스에듀), 《기적의 수학 문장제》(길벗스쿨) 같은 문장제 문제집을 시간 내어 따로 조금씩 풀게 하시면 좋겠습니다. 아이가 식을 쓰지 않는 게 걱정이라면, 식을 쓰라고 요구하지 않는 객관식 문제에 모조리 다 식을 쓰게 하는 납득 불가능한 지도를 하기보다는, 차라리 애초에 처음부터 식을 무조건 쓰도록 시키는 문장제 문제집을 풀게 하는 게 좋아요. 그래야 아이도 문제 자체가 식을 쓰라고 안내하고 있으니 납득하고 식 쓰는 연습을 자연스럽게 하면서, 부모님과의 갈등도 줄일 수 있을 것입니다.

　세 번째, 아이의 방식대로 풀게 하되, 실수로 문제를 틀리면 그만큼의 페널티를 주는 것도 좋습니다. 연산 문제집을 식을 쓰지 않고 암산으로 하고 싶다고 하면, 그렇게 하되 한 문제를 틀릴 때마다 한 페이지가 더 추가되는 페널티 규칙을 세우는 것입니다. 이렇게 규칙을 정해 두면, 아이들은 엄마가 말하지 않더라도 문제를 틀리는 순간 해야 할 공부가 늘어나니 실수를 하지 않으려고 더 집중해서 문제를 풀게 됩니다. 엄마의 백 마디 잔소리보다, 아예 이렇게 페널티 규칙을 정해 두는 게 실수를 줄이는 데에 더욱더 효과적입니다.

　네 번째는, 아이에게 실수에 대한 잔소리를 하지 않고 아이가 스스로 느낄 때까지 기다려 주는 것입니다. 초등학생이 수학 문제를 풀다가 실수를 하는 게 큰 잘못인가요? 학부모님이 그렇게 화를 내고 감정적으로 반응할 만큼의 잘못이라고 생각하시나요? 절대로 그렇지 않습니다.

　제가 앞서 말씀드린 것처럼 이제 '초등학생'입니다. 실수하는 게 당연하죠. 화낼 일이 아닙니다. 실수를 하면, 다시 고쳐 보자고 말씀해 주시고, 다음부터는 실수하지 말자고 격려해 주시면 될 일입니다. 그걸 너무 과하게 지적해 봤자 아이의 실수가 고쳐지기는커녕 아이가 수학을 싫어하게만 될 것입니다. 실수는 절대로 화낸다고 해결이 되는 것도 아니고, 화낼 만한 일도 아닙니다. 학부모님들도 아이를 키우시면서 무수히 많은 실수를 반복해 왔지만 그걸 극복하며 지금의 건강한 아이를 키워 내신 것처럼, 공부 역시 무수히 많은 실수를 반복하며 성장한다는 걸 잊지 말아 주세요.

수학 자신감이 너무 낮아서
걱정이에요

 초등 학부모의 고민 --

　요즘 들어서 초등학교 4학년인 남자아이가 수학 공부를 하기 싫다고 하고, 수학이 어렵다는 이야기를 자주 하더라고요. 문제를 풀기도 전에 틀릴 거 같다면서 수학 자신감이 없는 모습도 보이고요. 이렇게 가다가는 아이가 점점 더 수학을 싫어할 것 같은데, 부모인 제가 어떤 역할을 해 주면 좋을까요?

제가 앞서 말씀드린 것처럼, 초등 수학에 있어서 가장 중요한 건 수학에 대한 자신감을 잃지 않는 것입니다. 아이가 요즘 들어 수학 자신감이 떨어진 듯한 모습을 보인다면 부모님의 세심한 노력이 필요합니다.

가장 먼저 해야 할 일은 아이와의 대화를 통해 수학이 어려운 이유를 차분하게 들어 보는 것입니다. 아이가 수학을 어렵다고 하면, "초등 수학이 뭐가 어렵다고 그래? 학원에서 다 배운 거잖아?"라는 냉소적인 반응 대신에, 어떤 것 때문에 요즘 수학이 어려운지, 어떤 이유로 요즘 수학을 하기 싫어하는지를 들어 보세요.

이유가 정말 다양할 수 있습니다. 지금 풀고 있는 수학 문제집의 난도가 아이가 소화하지 못할 정도로 높을 수도 있고, 아이가 다니는 학원이 아이와 잘 맞지 않을 수도 있고, 친구 관계가 틀어져 그걸 신경 쓰느라 집중력이 흐트러졌을 수도 있고, 개념을 제대로 이해하지 못한 상태에서 문제를 푸느라 그런 걸 수도 있고, 공부량이 너무 많아서 힘든 걸 수도 있습니다.

이렇게나 이유가 다양한 만큼, 가장 첫 번째로 해야 할 일은 왜 수학을 어려워하는지 그 이유를 차분하게 들어주는 것입니다. 아이 입장에서도 자신이 왜 수학을 하기 싫어했는지 스스로 고민해 보고 말로 표현해 보면서 마음의 안정을 되찾기도 합니다.

그리고 평상시 부모님의 아낌없는 칭찬이 정말 중요합니다. 아이에게 칭찬을 해 주실 때, 그저 "잘했어.", "수고했어."와 같은 표면적인 칭찬은 아이에게 크게 와닿지도 않고, 아이 입장에서도 뭘 잘했다는 건지 잘 알지 못할 거예요. 그러니 특히 수학에 있어서는 아이에게 구체적으로 칭찬해 주는 연습을 해 보시길 바랍니다. "이 개념 되게 어려운 건데 정확히 알고 있네!", "이 문제 쉽지 않았을 텐데 차분히 잘 풀었네.", "피곤했을 텐데도 끝까지 열심히 수학 공부하는 모습이 대견해." 이런 식으로 구체적으로 칭찬해 주세요. 그래야 아이도 자연스럽게 지금 자신이 하고 있는 수학 공부에 대해 자신감을 가질 수 있게 되고, 수학 공부 지속력을 갖출 수 있게 될 것입니다.

그리고 아이가 수학 자신감이 부쩍 떨어져 있다면 과감하게 심화 문제집 풀던 것들을 모두 멈추고, 일단 개념과 연산에만 집중하는 시간을 몇 개월 정도 다시 가져 보는 걸 추천해 드려요. 쉬운 문제들을 통해 수학 자신감을 회복하는 게 초등 때는 중요합니다. 몇 개월 정도 심화 문제 안 풀었다고 큰일 나진 않으니 수학 자신감을 위해서라면 초등 고학년이어도 이러한 기간을 가져 보면 좋겠습니다.

또 학원을 선택할 때도 주위 친구들의 모습을 보면서 스트레스를 받거나 위축되는 아이라면, 단체로 수업하는 학원보다는 일대일 개별 진도로 나가는 학원이 더 도움이 될 것이며, 인터넷 강의를 듣는 것도 하나의 선택지가 될 수 있을 것입니다. 유명하다고 해서 무조건 아이에게 맞는 학원은 아니니, 아이의 성격과 상황을 고려해 선택해 보시면 좋겠습니다.

마지막으로 평소 집에서 아이가 응용 심화 문제에 도전할 때는, 아이가 모르는 문제가 나왔을 때 부모님이 그 문제를 전부 다 풀어 주는 건 아이의 수학 자신감 회복에 도움이 되지 않습니다. 그런 모습이 반복되면 아이는 모르는 문제가 나올 때마다 부모님한테 의존하려고 할 것이고, 스스로 고민하는 힘이 부족해질 것입니다. 그러니 아이한테 특정 시간 동안 스스로 풀어 보게 한 뒤에 그래도 아이가 못 풀겠다고 하면 전부 다 알려 주지 마시고 답안지를 참고하여 힌트를 하나씩 알려 주시면서, 아이가 스스로 푸는 연습을 시켜 주시는 게 좋습니다.

이러한 노력을 통해서 아이의 낮아진 수학 자신감을 회복하는 데에 힘써 주시면 좋겠습니다. 앞서 말씀드린 것처럼 아이가 '나는 수학을 못하는 학생이야.'라는 인식이 한 번 박히는 순간 그걸 다시 원래대로 되돌리기 어려운 만큼, 초등 수학에 있어서 가장 중요한 건 심화도, 선행도 아닌 수학에 대한 자신감과 성취 경험이라는 걸 꼭 기억해 주세요.

초등 영어·사회·과학
공부 지속력,
어떻게 키워 줄까요?

파닉스 떼고 나니 영어가 재미없다고 해요

 초등 학부모의 고민 --

　초등학교 2학년인 아이를 둔 학부모입니다. 초등학교 1학년 때까지는 따로 영어 노출을 한 적이 없었고, 초등학교 1학년 겨울방학부터 파닉스를 배운 뒤에 요즘에는 문법이랑 단어, 영작 위주로 공부를 시키는 학원에 보내고 있습니다. 그런데 요즘 들어 영어가 재미없다는 이야기를 자주 하더라고요. 문법이나 단어도 어렵고 영작도 하기 힘들다면서 학원에 가기 싫다는 이야기를 계속 해서 걱정이에요. 제가 영어 전공자가 아니다 보니 뭐부터 해 줘야 좋을지 방향을 잡기 힘듭니다. 어떻게 하면 좋을까요?

우선 영어라는 과목은 언어를 배우는 것이라는 사실을 잊지 않아야 합니다. 우리가 국어를 공부할 때 글쓰기부터 배웠나요? 처음부터 국어 문법을 배우고, 국어 어휘 시험을 보았나요? 아닙니다. 엄마, 아빠가 말하는 걸 듣고, 그걸 직접 말해 보기도 하고, 다양한 책을 통해 한글을 접하면서 자연스럽게 국어 공부를 시작했지요. 태어나면서부터 국어를 꾸준히 듣고 읽고 말해 왔기 때문에 글쓰기도 가능해지고 어휘력도 늘어나게 된 것이죠.

그런데 영어는 어떤가요? 영어를 시작한 지 이제 1~2년밖에 안 되었는데 바로 문법을 배우게 하고 단어를 외우게 하고 글을 쓰게 하면 당연히 재미가 없을 겁니다. 물론 이러한 공부 방법도 영어 실력에 도움은 되겠지만, 이렇게 너무 일찍부터 영어라는 과목을 학습으로만 접근해 버리면 당연히 재미가 없고 흥미가 떨어질 거예요. 그리고 이게 영어의 본질적인 공부 방법도 아닙니다.

영어의 본질은 언어인 만큼, '영어 원서 읽기와 회화, 듣기' 이러한 측면에서의 학습이 특히 초등 시기에는 더욱더 중요합니다. 아이의 수준에 맞는 영어 원서를 찾아서 최대한 많이 접하도록 해 주시고, 아이가 좋아하는 영어 영상을 틈틈이 보게 해 주시고, 영어 듣기를 통해 귀가 뚫리도록 해 주시면 좋겠어요. 그리고 화상 영어를 비롯해 원어

민 선생님과 함께 영어 회화를 해 보는 것도 도움이 되겠습니다. 이러한 연습을 통해 영어라는 언어를 자연스럽게 받아들일 수 있게 하는 게 1순위 목표입니다.

미국에서 태어난 아이들은 왜 영어가 쉬울까요? 왜 영어 발음이 좋을까요? 그 아이들이 어렸을 때부터 문법을 배우거나 단어를 외운 게 아니라, 태어나면서부터 부모님과 주변으로부터 수없이 많은 영어를 들어 왔고, 수없이 많은 영어를 말해 왔기 때문에 가능한 일이겠죠. 이게 본질입니다.

그러니 초등 저학년 때 문법, 단어 공부를 하는 걸 뜯어말리지는 않겠습니다만, 그 공부를 하더라도 꼭 영어 원서와 회화는 꾸준히 병행되어야 하며, 문법이나 단어 공부 시간보다 영어 원서를 읽는 데에 들이는 시간이 더 많아야 함을 분명히 밝힙니다. 국어에서 독서가 1순위이듯, 초등 영어에서는 영어 원서 읽기가 1순위입니다. 그리고 초등 때 영어 원서 읽기와 회화, 듣기를 통해 영어를 언어답게 접하게 하는 게 아이의 영어 공부 지속력을 키워 주는 거라는 걸 꼭 기억해 주세요.

영어 단어 암기를
지나치게 힘들어해요

초등 학부모의 고민

초등학교 4학년인 아이가 요즘 영어 학원에서 영단어 암기 시험을 보는 것을 너무 힘들어합니다. 이러다가 영어 공부에 흥미를 잃는 건 아닐지 걱정도 되고, 학원에 다닌 지 이제 겨우 한 달째인데 아이가 힘들다는 이야기를 자주 해서 덩달아 저도 힘듭니다. 영단어 암기를 어려워하는 아이, 어떻게 해 줘야 할까요?

초등 아이들은 아직 머리가 크지 않기 때문에 암기할 수 있는 역량이 부족해요. 그래서 영단어뿐 아니라, '가분수, 대분수'와 같은 기본 수학 개념을 외우는 것조차도 어려워하고 몇 주만 지나면 금세 까먹는 거예요. 그러니 우리 말도 아닌 영단어를 아이들이 어려워하는 게 당연합니다. 그러니 아이가 영단어 암기를 어려워하고 힘들어하는 모습은 비정상적인 모습이 아니라 지극히 자연스러운 모습이라는 걸 부모님이 꼭 기억해 주시면 좋겠어요. 너무 걱정할 부분은 아닙니다. 대신, 이렇게 영단어 암기를 어려워하고 학원에서도 영단어 시험에 통과하지 못하는 경험이 지속적으로 반복되면 아이가 영어를 싫어하게 될 수도 있으니, 이 부분에 대해 학부모님이 함께 도와주시면 좋겠는데요.

영단어 암기에 있어서 가장 중요한 건 '집중력'입니다. 암기하는 동안에는 정말 집중해서 소리 내어 읽어 보기도 하고 손으로 써 보기도 하면서 외워야 하거든요. 그런데 초등 아이들은 영단어 암기할 때 혼자 방에 들어가서 하게 되면 집중력이 흐트러지고, 그러다 보니 자꾸만 대충하는 학생들이 정말 많아요. 그렇게 해 놓고 엄마한테 와서는 "30분 동안 외웠는데 안 외워졌다."라며 힘들다고 이야기하는 것이죠. 이러니 자꾸만 효율이 떨어지고 암기도 못 하는 게 당연해요.

따라서 영단어 외우는 걸 힘들어하는 아이의 경우 엄마가 있는 거실 공간에서 진행하는 것도 방법입니다. 어쨌든 아이가 딴짓하지 않고 집중해서 암기하는 시간을 가질 수 있도록 해 주시면 좋겠습니다. 그게 영단어 암기에서는 가장 중요해요.

그리고 영단어를 외울 때는 예문을 참고하여 외워 보면 좋아요. 그 영단어가 실제로 문장 속에서 어떤 게 쓰이는지를 함께 읽어 보면 영단어의 뜻을 더 확실히 외울 수 있어요. 또 아이가 단어를 다 외웠다고 하면 거기에서 끝내는 게 아니라 실제 시험처럼 부모님께서 테스트해 주시면 좋아요. 만약 학원에서 뜻을 쓰는 시험을 본다고 하면, 부모님이 빈 종이에 영단어를 적어 주시고 아이한테 뜻을 쓰게 한다든가, 아니면 아이한테 단어장을 덮으라고 하고 부모님이 영단어를 말하면, 아이가 뜻을 말해 보게 하면서 실제 시험처럼 연습해 보는 과정이 꼭 있었으면 합니다.

그리고 한 번에 많은 양의 단어를 소화하려고 하면 쉽게 지치고 암기도 어려울 겁니다. 따라서 만약 영단어 20개를 암기해야 한다면, 한 번에 20개를 외우도록 하는 것보다 저녁 먹기 전에 10개, 저녁 먹은 후에 10개로 나누거나, 수학 숙제 시작 전에 10개, 수학 숙제한 뒤에 10개 이런 식으로 나누는 것이 좋습니다. 이렇게 하면 공부 부담을 좀 더 줄이고 암기 효율도 올라갈 겁니다.

영단어 암기에서 가장 중요한 건 부모님이 아이의 서툰 영단어 암기 모습을 보면서 답답해하지 않으시는 거예요. 영단어를 자꾸만 외우지 못하고 헤매는 아이를 보면서 답답한 표정을 짓거나 이해가 안 된다는 식의 말씀을 해 버리면, 아이는 마음이 더 조급해지고, 영단어 암기가 더 싫어질 겁니다. 영단어 암기는 만만하지 않은 공부이기에 부모님의 응원과 격려가 정말 중요해요. 조금만 더 힘내서 해 보자고 응원해 주시고, 한 번만 더 읽어 보자며 격려해 주는 부모님이 되어 주시면 좋겠습니다.

이러한 방법을 통해 아이가 그나마 영단어를 좀 더 잘 외우도록 도와주시면 좋겠고, 이를 통해 영어 공부 지속력도 향상시켜 주시면 좋겠습니다.

영문법만 물어보면
아이 말문이 막혀요

저는 초등학교 5학년인 여자아이와 초등학교 3학년인 남자아이를 키우고 있는 학부모입니다. 두 가지 고민이 있어서 말씀드립니다. 우선 초등학교 5학년인 아이 같은 경우는 초등 5학년 1학기부터 영어 학원에 다니면서 영어 문법을 배우기 시작했는데요. 아이가 영어 문법이 어렵다는 이야기를 많이 하더라고요. 그래서 이걸 어떻게 도와주면 좋을지 고민입니다. 그리고 초등학교 3학년인 아이는 영어 원서 읽기를 위주로 하는 학원에 다니고 있는데, 원서를 읽고 있는 아이한테 문장 구조나 영어 문법을 물어보면 아예 대답을 못 하더라고요. 이렇게 하는 게 잘하고 있는 건지 고민이 됩니다.

우선 초등학교 3학년인 남자아이부터 말씀드릴게요. 초등학교 3학년인 아이가 아직 문장 구조나 영문법을 모른다고 해서 크게 걱정할 필요는 없습니다. 왜냐하면 아직 초등학교 3학년인 아이는 그런 영어 개념을 아직 배운 적이 없기 때문에 모르는 게 당연합니다.

많은 초등 학부모님이 아이가 영어 원서 읽기 위주로 영어를 공부할 때 아이가 아직 영문법을 모르면 불안해하시기도 합니다. 그런데 여러분, 아이가 동화책을 읽을 때 국어 문법을 알고 있는지 물어보시나요? 그렇지 않죠. 영어도 마찬가지예요. 문법을 알아야만 영어 원서를 읽을 수 있는 게 아닙니다. 문법을 몰라도 영어를 읽어 내는 감각을 익히는 과정이니 걱정 안 하셔도 됩니다.

그리고 아이가 문법을 모르는 게 아니에요. 원서를 읽다 보면 자연스럽게 알게 되는 문장 구조들이 많은데, 그걸 정리하지 않았을 뿐이죠. 그러니 이렇게 원서 읽기 위주로 하시다가 초등 고학년 때 문법을 정리하면 되는 겁니다. 초등학교 3학년인 아이에게 원서와 관련된 영문법을 반복적으로 물어보게 되면 아이의 영어 공부 지속력에도 좋지 않을 것이니 앞으로는 걱정 말고 지켜봐 주시면 좋겠습니다.

이제 초등학교 5학년인 여자아이에 대해 말씀드릴게요. 사실 처음 영문법을 배우면 누구나 어려워하고 헷갈려합니다. 그러니 일단

세 달 정도는 차분하게 학원을 다녀 본다는 생각으로 이끌어 주세요. 이때 옆에서 학부모님의 진심 어린 응원과 격려가 필요해요. 엄마, 아빠도 처음 영문법 공부할 때 힘들었고, 그러니까 너만 힘든 게 아니라는 이야기, 지금은 힘들지만 분명히 조금씩 실력이 늘 수 있을 거라는 이야기를 통해 아이에게 용기를 북돋아 주는 게 필요합니다.

그리고 영문법은 문제를 풀어 보면서 이해가 되고 암기가 저절로 되는 부분도 있는 만큼, 아이가 학원에서 영문법 공부를 하더라도, 일주일에 1~2회라도 좋으니 《초등 영문법 문법이 쓰기다》(키출판사)와 같은 시중 교재로 추가적인 문제 풀이를 해 보는 게 더욱 도움이 될 겁니다. 그리고 이해가 안 되는 부분이 있다면, 학원 선생님께 추가 질문을 하거나 EBS의 무료 초등 영문법 인강을 활용해 보셔도 좋겠습니다.

그렇게 했는데도 아이가 너무 힘들어하면, 잠시 멈추고 초등학교 6학년이 되었을 때 다시 영문법에 도전해 보셔도 됩니다. 중등 입학 전까지만 접해 보면 되는 것이니, 초등학교 6학년 때 해도 절대로 늦지 않는다는 걸 기억해 주세요. 그런데 이미 아이가 초등학교 6학년이라면, 이제는 더 이상 영문법 공부를 미루면 안 됩니다. 중등 영어 내신부터는 문법이 메인이 되기 때문이죠. 그러니 문법을 마냥 피하기만 하는 게 답이 아닙니다. 그때는 아이가 힘들어하면 곁에서 아이를 응원하면서 아이가 스스로 극복해 내는 경험을 할 수 있도록 돕는 게 영어 공부 지속력을 지키는 길이 될 것입니다.

독해는 괜찮은데 영작이 약해요

초등학교 3학년인 남자아이를 둔 학부모입니다. 나중에 중고등 시기가 되면 영어 시험에 서술형 문제가 나온다는 이야기를 들었습니다. 그걸 생각하니 초등 때부터 영작 연습을 해야겠다는 생각이 들더라고요. 최근에 파닉스 공부는 다 끝냈고 학원에서는 원서 읽기를 시작한 상황입니다. 그래서 집에서 추가로 영작 연습을 시켜 보려고 영어로 써 보게 했는데 아이가 너무 힘들어하더라고요. 그래서 이걸 어떻게 해야 할지 고민이 됩니다.

우선 학부모님이 꼭 기억하셔야 할 건 국어에서의 글쓰기와 마찬가지로 영어에서의 글쓰기 역시 일종의 아웃풋 과정이라는 사실입니다. 아웃풋이 되려면 기본적으로 인풋이 충분해야 합니다. 인풋이 없으면 아웃풋도 없죠. 그나마 국어 글쓰기는 어릴 때부터 충분히 읽기와 듣기 과정을 인풋으로 삼아 왔기 때문에 일기든 독서록이든 아웃풋으로 낼 수 있었지만, 영어는 전혀 다릅니다.

아이가 이제 초등학교 3학년이고 이제 막 파닉스를 배운 상태라면 아직 영어로 충분히 읽거나 들어 본 경험이 부족할 것입니다. 그런데 이 상태에서 영작이 가능할까요? 아닙니다. 이를 바란다면 그건 부모의 욕심에 가깝죠. 영작을 잘하고 싶다면, 영어 원서 읽기와 영어 듣기를 통한 인풋 과정이 충분하게 진행되어야 합니다.

따라서 이제 파닉스를 끝내셨다면 최소한 초등학교 4학년 때까지는 영작에 대한 욕심 없이 차고 넘칠 정도로 인풋에 신경 써 주시면 좋겠습니다. 집에서 뭔가를 더 해 주고 싶으시다면, 차라리 영어 영상을 보여 주시거나 영어 원서를 사 주시는 게 좋습니다. 그러고 나서 영작은 인풋이 어느 정도 쌓인 시점부터 차근차근 시켜 보시면 좋겠습니다. 그래도 늦지 않아요.

중학교 때 영어 서술형 문제가 중요한 건 맞지만, 그렇다고 이제 파닉스를 뗀 시점부터 급히 할 필요는 없습니다. 초등 고학년 때 해도 늦지 않으니, 일단 영작이라는 아웃풋을 급히 시작하기 전에 충분한 인풋부터 신경 써 주시면 좋겠습니다. 그리고 초등 고학년이 되어 영작 연습을 하고 싶다면, 시중에 있는 교재 중《바빠 초등 영어 일기 쓰기》(이지스에듀),《기적의 영어 문장 쓰기》(길벗스쿨)과 같은 영작 교재를 활용해 보는 걸 추천해 드립니다.

초등 사회·과학을 유독 어려워해요

초등학교 3학년인 남자아이를 둔 학부모입니다. 아이가 요즘 들어 학교 사회, 과학 수업이 어렵다는 이야기를 많이 합니다. 뭔가 부모로서 아이를 도와줘야 할 거 같은데, 이럴 때는 어떤 식으로 도와주는 게 좋을까요?

초등 시기에 사회, 과학이 어려운 이유는 크게 두 가지입니다. 첫 번째는 평소에 독서량이 부족하기 때문입니다. 사회, 과학 교과서에 등장하는 용어들도 생소하고 호흡이 긴 글도 버거운 것이죠. 이러한 것들을 수월하게 읽어 내려면 문해력이 중요합니다. 독서량이 부족한 학생들은 사회, 과학 교과서를 읽으면서 핵심 문장을 찾아내지 못하고, 결국 무슨 말인지 이해하지 못합니다. 평소에 사회, 과학책을 많이 읽으라는 뜻이 아닙니다. 분야에 상관없이 줄글책 자체에 대한 경험이 부족하면 사회, 과학이 어려운 것이니 앞으로는 평소에 독서량을 매일 확보할 수 있게끔 이끌어 주시면 좋겠습니다.

그리고 초등 때 사회, 과학이 어려운 또 다른 이유는 공부를 제대로 해 본 적이 없기 때문입니다. 사회, 과학 교과서를 이제 막 한두 번 넘겨 본 상태면 어려운 게 당연하죠. 그러니 사회, 과학을 유독 힘들어하는 아이라면, 방학 때 예습용으로 교과서를 가볍게 읽어 보는 것도 좋고, 학기 중에 사회, 과학 교과서를 복습 차원에서 꾸준히 읽어 보는 것도 좋습니다.

특히 평소에 학교에서 듣는 사회, 과학 수업이 어렵다고 이야기하는 아이 같은 경우는 시중에 있는 초등 사회, 과학 문제집을 풀게 하는 것도 하나의 방법이지만, 만약 국어, 영어, 수학 공부만 하기에도 벅찬 상황이라면 꼭 풀지 않아도 됩니다. 실제로 사회, 과학 교과 문제집을 보다 보면, 초등 때 꼭 암기하지 않아도 되는 것들까지도 반드시 외워야만 풀 수 있게 나온 문제들도 섞여 있고, 초등 때 다른 주요 과목을 제치고 사회, 과학에 대한 문제까지 풀 만큼의 중요성을 가지는 것도 아닌 만큼, 문제집에 대한 부담감을 가지지 않으셔도 됩니다. 그리고 만약 문제집을 풀게 하더라도, 아이가 얼마나 문제를 맞고 틀리느냐에 관심을 두기보다는, 주요 핵심 개념을 정리한다는 차원에서 가벼운 마음으로 접근해 주시면 좋겠다는 생각입니다. 그리고 예복습 차원으로 문제집을 풀게 하고 싶다면, 저는 시중 교재 중《사회, 과학도 독해가 먼저다》(키출판사)를 통해 가볍게 어휘 위주로 정리해 보는 걸 추천해 드립니다.

유독 과학에 재미를 느끼지 못해요

초등학교 3학년인 아이가 과학에 흥미가 전혀 없습니다. 어릴 때부터 과학책에는 크게 흥미를 보이지 않았고, 학교에서 과학을 배울 때에도 재미없다는 이야기를 자주 하더라고요. 아이가 과학에 좀 더 흥미를 느끼도록 만들어 주려면 제가 어떤 걸 해 주는 게 좋을까요?

일단 저는 과학 학습 만화만큼은 초등 내내 허용해 주셔도 된다고 생각합니다. 당연히 줄글책 독서 시간은 있어야 하는 거고, 그 이외의 시간에 읽는 과학 학습 만화는 찬성합니다. 왜냐하면 과학 학습 만화는 아이가 과학이라는 낯선 학문에 그나마 좀 더 가까워지도록 돕기 때문입니다. 이러한 측면에서 역사 학습 만화도 역사라는 낯선 과목에 대해 아이가 좀 더 친근하게 느낄 수 있도록 해 준다는 측면에서 찬성합니다. 초등학교 3학년뿐만 아니라, 초등 고학년이 되더라도 아이가 계속해서 읽기를 원한다면 초등 과학, 역사 학습 만화는 꾸준히 읽히는 게 아이의 공부 지속력을 높이는 방법입니다.

그리고 또 하나는 과학 실험입니다. 결국 과학이라는 과목은 본질 자체가 '탐구'를 바탕으로 이루어진 것인 만큼, 아이가 직접 손으로 만져 보고 귀로 들어 보고 눈으로 보면서 실험해 보는 게 흥미를 느끼게 하는 데에 가장 빠르고 정확한 방법이더라고요. 학습 만화 《내일은 실험왕》(미래엔아이세움)에 부록으로 나오는 과학 실험 키트를 활용하는 정도로 해 보셔도 좋고, 아니면 과학 실험을 위주로 하는 학원이나 학교 방과후를 활용해 보셔도 좋습니다. 그리고 과학 실험까지는 아니더라도, 평소에 주변 도서관에서 진행하는 과학 관련 프로그램이 있다면 참여해 보거나 과학 관련 체험관이나 전시회에 데려가 주셔도 좋겠습니다.

또 아이가 과학 줄글책을 도저히 읽지 않으려고 한다면, 〈과학소년〉 같은 과학 잡지를 읽어 보는 것도 추천해 드려요. 만화적 요소도 들어가 있고, 줄글책의 두꺼운 형태가 아니라 두세 페이지의 기사 형태라서 그 중간 역할을 잘 수행할 겁니다. 저도 초등 때 과학 줄글책을 좋아하지 않아서 거의 안 읽었지만, 〈과학소년〉만큼은 손에서 놓지 않고 꾸준히 읽어 봤던 게 큰 도움이 되었어요. 이러한 것들을 통해 아이가 그나마 좀 더 과학에 흥미를 가지고, 과학 공부 지속력을 높여 나갈 수 있기를 바랍니다.

사회·과학을 중고등 때도 잘하려면 어떻게 공부해야 할까요?

초등학교 6학년 아이를 둔 학부모입니다. 지금은 사회, 과학이 다른 주요 과목에 비해 중요하지도 않고 학교에서 따로 사회, 과학에 대한 시험을 보는 것도 아니라 큰 걱정을 하지는 않는데요. 중등 때부터는 사회, 과학도 중요하다고 들어서요. 초등 때 미리 잡아 둬야 할 습관이나 태도가 없을지 궁금해서 여쭤봅니다.

우선 사회, 과학에 있어서 가장 중요한 습관은 학교 수업을 잘 듣는 것입니다. 사회, 과학 학교 수업을 제대로 듣지 않으면 또 따로 나중에 시간을 들여서 개념부터 다시 정리하고 해야 합니다. 하지만 중학생만 되더라도 국어, 영어, 수학 관련해서 해야 할 공부가 훨씬 더 많아지는 만큼, 사회, 과학 개념 공부를 다시 처음부터 시간 내어 할 시간이 거의 없습니다. 그러니 학교 수업 시간에 그 개념만큼은 확실히 이해한다는 마음가짐으로 듣는 태도가 중요합니다.

그리고 한 가지 더 중요한 건, 공부를 미루지 않는 것입니다. 많은 중고등 학생들이 사회, 과학을 어려워하는 이유는 내용이 과도하게 어려워서가 아니라, 대부분 평소에는 미루다가 시험을 앞두고 몰아서 공부하기 때문입니다. 만약 시험 범위가 1~3단원이라고 하면 평소에는 미루기만 하다가, 시험 1~2주가 남았을 때 세 개의 단원을 몰아서 암기하려고 하고, 몰아서 문제를 풀다 보니 비효율적인 공부를 하게 되고, 성적도 낮게 나오는 중고등 학생들이 많습니다.

그러니 사회, 과학을 잘하고 싶다면 평상시에도 꾸준히 복습하는 습관이 중요하며, 초등 때부터도 한 학기가 다 끝낼 때까지 기다렸다가 한 번에 복습하기보다는, 평상시에 학교에서 한 단원이 끝날 때마다, 그 주말이나 평일에 20분이라도 좋으니 그 단원에 대한 문제를 풀든, 교과서를 읽든 복습을 하고, 몰아서 공부하지 않는 습관을 만들어 두면 좋겠다는 생각입니다.

그리고 마지막으로 국어, 영어, 수학에 있어서 초등 때부터 구멍을 만들지 않고 탄탄히 기본기를 다지는 것도 중요합니다. 왜냐하면, 중고등 때 국어, 영어, 수학 중 한 과목이라도 크게 흔들려 버리면 사회, 과학 같은 기타 과목은 더더욱 손댈 틈이 없기 때문이죠. 그러니 초등 때부터 국어, 영어, 수학을 탄탄히 해 두는 게 중고등 때 사회, 과학 성적까지도 잘 챙길 수 있는 비법이라는 걸 기억해 주세요.

4장

공부 지속력을
키우려면
부모의 말하기부터
달라야 합니다

너 오늘 하루 종일
공부 안 했지?

초등 학부모의 잘못된
말하기 습관

아이의 학습 태도가 좋지 않으면 부모님은 아이에게 여러 잔소리를 합니다. 그중 가장 많이 하는 잔소리가 "너는 항상 이런 식이야.", "너는 늘 이 모양이지. 엄마 말도 똑바로 안 듣고 공부도 안 하고 늘 그래.", "너 오늘 하루 종일 공부 안 했지?"와 같은 말들이죠.

그런데 아이들은 이러한 표현을 들으면 오히려 엄마, 아빠한테 화를 내거나 짜증을 냅니다. 왜 그럴까요? 억울하기 때문입니다. 몇 번 그러긴 했지만 맨날 그러진 않았거든요. 늘 엄마 말을 안 듣는 게 아니라 들은 적도 있거든요. 하루 종일 공부를 안 한 게 아니라 아까

30분 전에는 분명 공부를 조금이라도 했거든요. 억울한 거예요. 본인은 맨날, 늘, 하루 종일 그런 게 아닌데 엄마, 아빠가 그렇게 표현하니까요.

아이들은 이렇게 자신이 억울한 상황을 정말 싫어합니다. 어른들도 마찬가지겠지만, 아이들은 더더욱 그렇죠. 그러니 부모님이 이렇게 이야기하게 되면, 아이들은 "앞으로는 집중 잘해 볼게요. 잘못했어요."라는 말을 하는 게 아니라, "나 맨날 그런 거 아니라고! 나 하루 종일 집중 못 한 거 아니라고! 잘 알지도 못하면서!"라며 억울함을 표시할 거예요. 부모님의 잔소리 목적은 태도 교정이었겠지만, 아이들은 그 억울한 포인트에 꽂혀서 억울함을 표하고, 정작 태도 교정은 되지 않고 부모님과 아이와의 갈등만 반복되기도 합니다.

임민찬 작가가 제시하는 올바른 말하기 방법

그러니 앞으로는 아이에게 '항상, 늘, 하루 종일'과 같은 표현으로 억울한 상황을 만들기보다는, 현재의 상황에만 집중해서 말해 주시면 좋겠습니다. 그래서 저는 이런 상황에서 늘 아이들에게 '현재 상황 진단', '공감', '제안'의 3단계 과정으로 말해 주는 편입니다.

"지금 공부에 집중이 잘 안 되는 거 같네. 오늘따라 좀 피곤하지? 매일 공부하다 보면 그런 날도 있을 거야. 우리 10분 쉬다가 다시 해 볼까?"

이런 식으로 정확히 현재에만 집중하셔서 짚어 주시면 좋겠다는 생각입니다. 그러지 않고 자꾸만 과거 상황까지 끄집어 와서 '항상' 그런다는 식의 표현을 쓰는 순간 거부감을 느끼는 아이들이 많거든 요. 이렇게 현재 상황에만 집중하는 말하기를 해야 아이들도 이전보 다 억울함을 덜 느끼고 좀 더 부모님의 조언을 납득하며 들으려고 할 겁니다. 아이들에게 앞으로는 '항상 늘, 하루 종일' 같이 현재 상황만 다루지 않고 과거의 상황까지도 함께 포괄하게 되는 표현에 대해서 는 주의하여 사용해 주시길 바랍니다.

이게
뭐가 어렵다고 그래?

초등 학부모의 잘못된
말하기 습관

초등 학부모님은 아이가 초등 공부 내용을 어려워하고 헤매는 모습을 보면서 때로 답답함을 느끼기도 합니다. 그러다 보니 아이한테 이야기할 때도 "이게 뭐가 어려워? 이거 그냥 곱셈하면 되는 거잖아. 영단어 10개 정도면 그냥 외우면 되는 건데 뭐가 힘들어?" 이런 식으로 아이가 하는 공부를 낮춰서 이야기하는 경우가 많아요.

하지만 제가 앞서 말씀드린 것처럼 초등학교 3학년인 아이가 분수를 배우는 건 당연히 어려운 게 맞고, 초등 아이가 초등 영단어를 암기하는 건 어려운 게 맞습니다. 학부모님은 이미 중고등까지 경험하셨으니 초등 내용이 쉽다고 느껴지는 것이지만, 초등 아이한테는 초등 내용이 어려운 게 맞아요. 그런데 자꾸만 초등 아이가 초등 공부 내용을 어려워하는 걸 이해해 주지 못하시고, 그게 뭐가 어렵냐며 답답하다는 표정과 말투를 반복하다 보면 당연히 공부 지속력에도 도움이 되지 않을 거고, 아이는 안 그래드 하기 싫은 공부와 더욱더 멀어지게 될 겁니다.

임민찬 작가가 제시하는
올바른 말하기 방법

따라서 앞으로는 초등 아이가 초등 공부 내용을 어려워해도 절대로 답답하다거나 이해가 안 된다는 식의 표정과 말투는 금물입니다. 이건 마치 여러분이 신입 사원인데, 직장 상사가 와서 그 쉬운 거 하나 제대로 못 하느냐고, 도대체 할 줄 아는 게 뭐냐고 핀잔을 주고 가는 것과 같습니다. 이런 말을 반복적으로 들으면 일하기 싫겠죠.

그러니 앞으로는 아이가 초등 공부 내용을 어려워하면, "분수가 헷갈리지? 엄마도 처음에 분수 배울 때 되게 헷갈렸어. 그래도 열심히 하다 보면 해낼 수 있으니까 엄마랑 같이 차근차근 다시 해 보자. 엄마도 옆에서 같이 도와줄게.", "영단어 외우는 거 힘들지? 영단어가 원래 처음부터 완벽히 외우는 게 힘들어. 너만 그런 거 아니니 너무 속상해하지 마. 엄마가 옆에서 같이 도와줄 테니 조금만 더 힘내서 해 보자." 이런 식으로 부모님도 초등학생 때는 그게 어려웠다는 말로 동질감도 만들어 주시고, 아이가 어려워하는 걸 함께 도와주겠다는 이야기를 통해 아이와의 대립 구도를 만드는 게 아니라, 늘 아이와 같은 편이라는 인식을 아이에게 심어 주시면 좋겠습니다. 이러한 말하기 하나하나가 아이의 공부 지속력을 만들어 나가는 데 기여할 것입니다.

너 이미 배운 건데도
헷갈리는 거야?

초등 학부모의 잘못된
말하기 습관

초등 학부모님은 아이가 이미 학교나 학원에서 배운 내용을 또 다시 헷갈려하는 모습을 보이거나, 이미 부모님이 아이한테 알려 준 수학 개념을 또다시 어려워하는 모습을 보이면 답답해지기 시작합니다. 그래서 그런 상황에서 아이에게 "너 이미 배운 건데도 헷갈리는 거야? 이미 알려 준 건데 아직도 몰라?"라는 말을 자주 하시죠.

그런데 학부모님, 아직 초등 아이라면 이미 배운 내용이더라도 바로 문제에 적용하는 게 어려울 수도 있는 거 아닐까요? 이미 공부한 내용이더라도 한두 달이 지나면 또다시 잊어버릴 수도 있는 거 아닌가요? 아직 초등학생이면 당연히 그렇습니다. 대부분의 아이들은 이미 한 번 배웠더라도 또다시 잊어버립니다. 그래서 반복 학습이 중요한 겁니다. 그런데 그런 아이를 보면서 이미 배운 건데 왜 모르냐며 타박을 해 버리면 공부 지속력에 좋지 않습니다. 아이의 머릿속에 '한 번 배운 내용을 무조건 기억해야 하는 거구나. 나는 왜 그러지 못하지? 나는 공부랑 안 맞나 보다.'라는 잘못된 인식이 생길 수 있기 때문입니다.

임민찬 작가가 제시하는 올바른 말하기 방법

앞으로는 아이가 이미 한 번 배운 내용을 또다시 질문하거나 어려워하더라도 절대로 감정적으로 반응하지 마시고, 당연하다는 인식을 가져 주세요. 그리고 아이가 이미 배운 것 중 모르는 게 있다면 감정을 빼고 학부모님이 다시 한번 친절하게 설명해 주시면 됩니다.

"이거 우리 이미 배웠었는데 다시 한번 떠올려 볼까? 가분수는 분자가 분모와 같거나 분모보다 큰 분수를 뜻하는 거였어. 이게 원래 너뿐만 아니라 다른 아이들도 쉽게 헷갈려하는 개념이거든. 정말 중요한 거니 우리 다시 한번 천천히 외워 보고 문제도 풀어 보자!"

"저번에 배웠던 이 개념이 헷갈렸구나! 지나치지 않고 엄마한테 말해 줘서 고마워. 같이 다시 공부해 볼까?"

이렇게 이미 배운 내용을 헷갈리는 아이는 학부모님의 따뜻한 응원과 격려가 있어야 아이가 공부 자신감을 잃지 않습니다. 이미 한 번 공부한 걸 모르는 게 잘못이라는 인식이 만들어지는 순간 공부 자신감은 떨어집니다. 한 번 공부한 걸 모를 수도 있는 거고, 다시 차근차근 공부해 보면 해낼 수 있다는 믿음을 심어 주는 것이 중요해요. 아이 앞에서 절대로 답답하다는 식의 표현을 하면 안 됩니다.

그리고 아이한테 꼭 고맙다는 이야기도 해 주세요. 아이가 모르는 게 있는데도 그걸 엄마, 아빠한테 혼나기 싫어서 아는 척하고 넘어가는 게 더 큰 문제입니다. 자신이 이미 배운 걸 또다시 모른다고 했을 때 부모님께 혼났던 경험이 반복되면 아이들은 점점 자신이 모르거나 헷갈리는 게 있어도 아는 것처럼 웃어넘겨 버리기도 합니다. 그러한 것들이 반복되어 초등 때부터 '개념 구멍'이 생기는 것이죠.

그러니 아이가 그런 것들을 넘기지 않고, 부모님께 모르겠다고 솔직하게 이야기를 해 주는 게 아이에게 더욱더 고마운 부분이고, 앞으로도 모르는 게 있으면 엄마, 아빠가 혼내지 않을 테니 그렇게 솔직하게 이야기해 달라고 덧붙여 말씀해 주시면 좋겠습니다.

이러한 것들이 실천하기 어렵다고요? 아닙니다. 엄마표 학습이 잘 되는 집들은 이미 이러한 것들이 잘 이루어지고 있어요. 아이의 공부 지속력은 사소한 일상 속 실천에서 시작됨을 잊지 마세요.

이미 다른 아이들은 중등 수학 나가고 있어!

초등 학부모의 잘못된 말하기 습관

아이에게 경각심을 주기 위해 다른 아이들이 얼마나 하고 있는지 이야기하는 초등 학부모님도 많습니다. 특히 수학에 있어서는, "너는 이제 초등학교 5학년 과정 나가고 있는데, 다른 아이들은 이미 중등 수학 나간대. 너 지금보다 더 열심히 해야 해."와 같이 비교하는 말을 아무렇지 않게 하기도 하죠. 아이들이 좀 더 자극을 받고 열심히 하길 바라는 마음으로 하셨을 겁니다.

하지만 그게 일시적인 효과는 있을 수 있지만, 아이의 공부 지속력에는 그리 좋지 않습니다. 왜냐하면 '비교'라는 건 끝이 없는 것이고, 아이 입장에서도 비교를 당하는 건 그리 기분 좋은 일이 아니기 때문입니다. 이건 마치 회사를 다니고 있는데, 직책이 '대리'인 여러분에게 직장 상사가 "임 대리, 이번에 허 대리는 이렇게나 좋은 성과를 냈는데 임 대리도 더 분발해야겠어."라고 말하는 것과 같죠. 일을 더 열심히 해야겠다는 생각이 드는 게 아니라, 자신의 노력은 인정받지 못하고 비교당하는 상황이 기분 나쁠 것입니다.

임민찬 작가가 제시하는 올바른 말하기 방법

앞으로는 그 어떤 상황에서도 다른 아이와 우리 아이를 비교하는 표현은 되도록 피해 주시면 좋겠습니다. 반복되는 비교로 인해 아이의 공부 목적이 자신의 성장이 아닌 '다른 아이를 이기기 위함'이 되는 순간, 중고등 때도 결과에만 일희일비하며 쉽게 흔들리게 될 수 있기 때문입니다. 다른 아이를 이겨야만 공부가 의미 있는 거고, 다른 아이에게 지면 내 노력이 의미가 없다는 식의 인식은 위험하며, 이러한 인식은 비교로부터 출발하는 만큼 늘 주의해야 할 부분입니다.

초등 때 올바른 공부 지속력을 만들어 가기 위해서는, 지금 내가 하는 공부는 남과 비교해서 남보다 앞서 나가기 위함이 아니라, 내가 나를 더 똑똑하게 만들고 더 성장시키는 과정이라는 걸 아이 스스로 깨우치는 것이 중요합니다. 그러니 앞으로는 공부에 있어서 다른 아이와 비교하기보다는 아이 개인의 성장을 인정해 주는 것이 필요합니다.

"오늘도 열심히 공부했네! 잘했어!"

"지금처럼 차근차근 해 나가다 보면 분명 너의 목표를 이룰 수 있을 거야. 엄마도 늘 지켜보면서 응원하고 있어."

이렇게 아이의 노력을 인정해 주는 말이 아이의 공부 지속력을 향상시켜 줍니다.

아이들은 누구나 기본적인 '인정 욕구'를 가지고 있습니다. 분명 공부를 열심히 했는데, 부모님이 인정과 격려가 아닌 비교를 한다면 아이들은 인정 욕구가 채워지지 않아 점점 공부하기 싫어질 거예요. 늘 작은 성취라 하더라도 아이들의 노력을 진심으로 인정해 주세요. 초등 아이들에게 공부라는 건 어렵고 힘든 것입니다. 그 아이들에게 공부 동기 부여를 만들어 주는 건 부모님의 인정과 격려, 칭찬이라는 걸 꼭 기억해 주세요. 비교의 말 대신, 인정의 말로 채워 주시면 좋겠습니다.

한 번만 더 그러면
휴대폰 뺏는다!

초등 학부모의 잘못된
말하기 습관

초등 학부모님은 아이의 공부 태도가 좋지 않으면 때로는 협박으로 아이의 태도 교정을 시도하기도 합니다. 예를 들면, "너 한 번만 더 그런 식으로 숙제하면 휴대폰 뺏는다.", "너 자꾸 공부 집중 못 하면 집에 있는 만화책 다 없애 버린다."와 같이 협박이 섞인 말씀을 하시죠. 그런데 이러한 말하기는 일시적으로는 효과가 있겠지만, 결국에는 아이가 휴대폰을 빼앗기기 싫어서 공부하게 되고, 만화책이 없어지는 게 싫어서 공부하게 되는 '보상 심리'만 커지게 됩니다.

그리고 더더욱 문제가 되는 건, 학부모님들이 매번 정해진 가정

내 규칙이 없는 상태로 갈등이 일어날 때마다 일시적인 협박을 통해 문제를 해결하려다 보니, 늘 말로만 위협할 뿐, 실제로 아이가 숙제를 제대로 안 했을 때 휴대폰을 진짜로 빼앗지 않으시고, 공부에 집중하지 못했을 때 만화책을 다 없애지도 않습니다. 결국 아이한테 겁을 주기 위한 말이었을 뿐이기 때문에, 아이도 어느 순간부터는 엄마, 아빠가 말로만 협박을 하지, 실제로는 그런 일이 안 생긴다는 사실을 깨닫게 되고 더 이상은 그러한 협박이 통하지 않는다는 겁니다.

그러면 실제로 휴대폰을 빼앗으면 되냐고요? 실제로 만화책을 없애 버리면 되는 게 아니냐고요? 그것도 안 됩니다. 왜냐하면 아이의 반발이 심할 것이기 때문이죠. 미리 사전에 약속되지 않은 규칙을 갑자기 부모님이 만들어서 내세운 것인 만큼, 아이는 납득하지 못하고 도리어 짜증을 내고 화를 내 버리고 말 것입니다. 결국 아이에게 협박성 말하기를 통해 공부를 시키는 건 여러 측면에서 아이의 공부 지속력에 부정적인 영향을 끼치는 부분들이 많습니다.

임민찬 작가가 제시하는 올바른 말하기 방법

그러니 이제는 협박성 말하기 대신에 아이와 함께 공부와 관련된 페널티 규칙을 확실히 협의하여 눈에 보이게 적어 두는 것이 좋습니다. 말로만 이야기를 하면 아이가 나중에 다른 핑계를 대는 경우도 많기 때문에, 아이와 대화를 통해 정해진 시간 내로 숙제를 하지 않았을 경우 어떤 페널티를 받을 건지 함께 규칙을 정해 약속을 하고, 그걸 아이 손으로 직접 종이에 적게 해 주세요. 그리고 부모님의 싸인과 아이의 싸인까지 받아서 그걸 눈에 보이게 여러 장을 복사해 이곳저곳에 붙여 두시면 좋겠습니다.

그리고 아이가 그 약속을 지키지 않았을 때는 협박성 말하기 대신에, "저기 종이에 네가 직접 적었던 규칙 다시 한번 읽어 봐. 네가 이렇게 하기로 약속했었지? 약속대로 엄마가 휴대폰 하루 압수할게."와 같이 아이가 납득할 수 있는 훈육을 해 보시면 좋겠어요. 그러면 아이도 그 순간 당연히 짜증을 낼 수는 있겠지만, 쉽게 반박하지 못하고 자신의 잘못을 인정하게 될 겁니다. 왜냐하면 아이가 직접 자신의 손으로 적었던 규칙이거든요. 그렇게 해야 아이와의 갈등을 줄이고, 부모님의 권위도 지킬 수 있게 됩니다.

전자 기기 사용도 마찬가지예요. 아이와 함께 전자 기기 사용 규칙을 정하고, 그걸 직접 종이에 아이 손으로 적게 해 주세요. 이 규칙을 지키지 않았을 경우 어떤 페널티를 받을지도 함께 적게 해 주세요. 그리고 그걸 지키지 않았을 때 이 종이를 보여 주는 게 아이의 공부 지속력을 지키면서 좀 더 나은 방향으로 이끄는 방법이 될 것입니다.

내가
너 그럴 줄 알았다!

초등 학부모의 잘못된
말하기 습관

　초등 학부모님은 이미 중고등까지 다 경험하셨고, 어른이시기 때문에 초등 시기에 어떤 게 올바른 방향이고, 어떤 게 잘못된 방향인지 이미 알고 있으실 거예요. 그렇기 때문에, 아이가 자꾸만 잘못된 방향으로 고집을 부리는 게 때로는 답답하고 이해가 안 되는 부분도 있을 겁니다.

　예를 들면, 분명 엄마가 봤을 때는 이 문제집까지는 풀어 봐야 수학 단원 평가를 잘 볼 거라는 생각이 드는데, 아이는 이것까지는 안 풀어도 된다면서 이미 지금 상태로도 100점을 받을 수 있다고 당당

하게 이야기를 합니다. 그렇게 두었더니 결국 아이가 단원 평가에서 85점을 받게 되고 아이가 실망을 하는 거죠. 그때 아이한테 많은 학부모님은 "너 그럴 줄 알았다. 그러게 왜 엄마 말 안 듣고 그렇게 고집을 부려?"라는 말로 아이의 선택이 틀렸음을 강조하죠.

하지만 이러한 말하기가 반복되면 아이 입장에서는 '내가 하는 선택은 틀린 거고, 부모님이 하는 선택이 맞는 거구나.'라는 인식이 강하게 박히면서, 점점 자신의 주관을 잃어 가고 부모님에 대한 의존도가 높아집니다. 결국 자기 주도적 학습과는 점점 거리가 멀어지죠.

학부모님의 마음은 이해합니다. 이미 학부모님은 올바른 길을 알고 있기 때문에, 아이가 굳이 실패의 경험을 쌓지 않기를 바라는 마음이시죠. 그렇지만 원래 학생 때는 수없이 많은 실수와 시행착오를 반복하면서 그 속에서 스스로 깨달음을 얻고 올바른 방향을 알아 나가는 과정이 중요합니다. 실패 경험을 언제까지나 막아 줄 수 없을뿐더러, 때로는 작은 실패도 맛봐야 다음에 좀 더 올바른 방향으로 갈 수 있게 되는 것이죠.

그런데 아이의 고집으로 하게 된 선택에 대해서 아이를 나무라는 일이 반복되면 점점 아이는 자신의 주관이 사라지고 부모님의 말만 수동적으로 따르게 될 수 있습니다. 특정 분야에 대해 고집이 있다는 건 잘못된 게 아닙니다. 어른이 되어 가는 과정에서 주관이 생기고 고집이 생기는 건 당연한 과정이며, 그걸 아이가 말을 안 듣는다고 나무라기보다는 자연스레 자기 주도성이 생기는 과정 중 하나라는 걸 알아 주시면 좋겠습니다.

그리고 "그럴 줄 알았다."라는 말에는 이미 부모님은 아이가 실패할 걸 알고 있었고, 아이의 말을 믿지 않았다는 걸 내포합니다. 이러한 말은 아이의 공부 지속력에 좋지 않다는 걸 아셔야 합니다.

임민찬 작가가 제시하는 올바른 말하기 방법

학부모님, 초등 때는 어느 하나의 잘못된 선택이 엄청나게 잘못된 길로 이끌지 않습니다. 부모님이 먼저 아이의 선택을 막아 세우기보다는, 때로는 아이가 원하는 방향대로 선택해 보게끔 하면서 아이가 직접 그 길을 가보고 느낄 수 있는 기회를 꼭 마련해 주시면 좋겠습니다. 이미 학부모님들도 아실 거예요. 그 실패 경험 속에서 배움이 있다는 걸요.

그리고 아이가 선택한 길대로 했는데 아이가 실패하게 되었을 때, 그럴 줄 알았다는 말로 아이에 대한 낮은 신뢰를 전하기보다는, "네 생각대로 해 보니까 어떤 거 같아? 앞으로 똑같은 상황에서는 어떻게 할 거 같아?"와 같이 아이의 생각을 유도하는 질문을 통해 아이가 자신의 판단이 옳았는지, 옳지 않았는지를 스스로 고민해 보는 기회를 마련해 주시면 좋겠습니다.

"네가 선택한 대로 해 보니 쉽지 않지? 엄마도 예전에 그런 경험 있었거든. 그럼 다음에는 엄마가 제시한 방법으로도 같이 해 볼까? 그다음에 둘 중 뭐가 더 좋을지 선택해 볼래?"와 같이 부모님도 그러한 실패 경험이 있었음을 언급하며 아이의 마음에 공감해 주시고, 다음에는 부모님이 제시한 방법도 한번 도전해 보고 비교해 보자는 식의 따뜻한 말로 아이가 부모님이 원하는 방향을 경험해 볼 수 있는 기회를 주시면 좋겠습니다.

모든 공부가 틀린 문제를 통해 나의 약점을 발견하듯, 모든 일은 실패 속에서 그 정답을 찾게 됩니다. 적절한 실패 경험, 적절한 스트레스는 아이를 더 크게 성장시킵니다. 그러니 앞으로는 아이에게도 때로는 직접 선택하고 경험해 볼 수 있는 기회를 마련해 주시길 바랍니다.

너 그게 울 일이야?

초등 학부모의 잘못된 말하기 습관

초등 학부모가 아이에게 흔히 사용하는 말 중 하나가 '너 그게 울 일이야?'라는 표현입니다. 보통 다음과 같은 세 가지 상황에서 흔히 사용하더라고요.

우선, 아이가 잘못한 상황에서 부모님이 지적할 때 아이가 거기에 대한 반성을 하지 않고 울음으로 해결하려는 모습을 보이는 상황입니다. 부모 입장에서는 약간의 주의를 준 것뿐이고, 아이가 분명 잘못한 일이니 짚었을 뿐인데, 그렇게 울어 버리니 "너 그게 울 일이야?"라는 말이 나오게 되는 것이죠.

두 번째는 아이가 자신의 실수에 다해 과민 반응을 하는 경우입니다. 아이가 문제를 조금 틀렸다고 울어 버리고, 발표할 때 조금 실수했다고 울어 버리는 모습을 보면, "너 그게 울 일이야?"라는 말이 절로 나옵니다.

세 번째는 아이가 패배나 실패를 받아들이지 못하고 분해서 울음을 터뜨리는 경우입니다. 부모님은 그저 게임인데 또 저렇게 운다는 생각에 "너 그게 울 일이야?"라는 말을 하십니다.

그런데 울고 있는 아이에게 "너 그게 울 일이야?"라는 표현은 아이의 감정 표현을 인정하지 않고, 감정 자체를 판단하는 말입니다. 아이 입장에서는 자신의 감정이 무시를 강했다는 생각을 하게 될 것이고, 감정 표현에 있어서 부모님의 눈치를 보고 서툴게 될 수도 있습니다. 하지만 어릴 때는 자신의 감정을 바르게 표현하는 방법을 배우는 게 중요한 만큼, 이러한 부모님의 말하기는 잘못된 습관이라고 할 수 있겠습니다. 특히나 이러한 경험이 반복되면 공부에 있어서도 아이가 힘든 게 있을 때 그걸 부모님께 털어놓지 않고 숨길 수도 있는 만큼 주의해야 할 표현입니다.

임민찬 작가가 제시하는
올바른 말하기 방법

앞으로 부모님이 예상치 못한 상황에서 아이가 울 때는, "너 그게 울 일이야?"라고 말하기보다는, 우선 감정을 인정해 주는 게 좋습니다.

"많이 속상했구나. 어떤 부분이 속상했어?"

"엄마는 그게 그렇게 힘든지 몰랐어. 네 마음이 궁금하니까 혹시 더 이야기해 줄 수 있어?"

이런 식으로 아이의 감정을 인정해 주되, 자신이 속상한 부분이 있다면 울음으로만 끝내는 게 아니라 말로 표현해 보도록 도와주세요. 그러면 아이의 감정 조절력 향상과 동시에 심리적 안정감도 높아질 것입니다.

그리고 추가적으로 만약 아이가 평소 친구 관계에 있어서 자신의 생각을 말로 잘 표현하는 방법을 알려 주고 싶을 때는 다음과 같은 책을 읽혀 보는 것도 좋습니다. 《똑 부러지게 내 생각을 전하는 말하기 연습》(서사원주니어), 《나도 상처 받지 않고 친구도 상처 받지 않는 말하기 연습》(위즈덤하우스) 등의 책이 있으니 참고해 보시면 좋겠습니다.

네가 원해서 시작한 거잖아!

초등 학부모의 잘못된 말하기 습관

초등 아이들은 어른들에 비해서 아직 다양한 경험을 해 보지 못한 상태입니다. 그렇기 때문에 여전히 모르는 것투성이고, 특히나 처음에는 굉장히 흥미로워 보여서 시작한 것들도 막상 좀 하다 보니 쉽게 질려서 재미없다고 느끼는 경우도 많을 거예요. 아직 안 해 본 것들이 많다 보니 어떤 일을 막 시작했을 때의 감정과 막상 해 보니 느끼는 감정이 다른 경우가 많기 때문이죠.

공부도 마찬가지입니다. 예를 들어 초등학교 3학년인 아이가 한국사를 어릴 때부터 좋아하고, 한국사 책을 곧잘 읽고, 한국사 관련

영상이나 박물관도 흥미로워한다고 가정해 봅시다. 그래서 학부모님이 아이에게 '한국사능력검정시험(이하 한능검)' 이야기를 꺼내 보니, 아이가 먼저 학부모님께 "엄마, 나 한능검 시험 도전해 볼게!"라고 이야기를 하는 겁니다. 결국 부모님은 아이에게 문제집도 사 주고 같이 시험 준비도 시켜 줍니다. 그런데 한 달 정도 지나니 아이의 표정이 점점 안 좋아지더니 "나 이러다가 한국사 싫어질 것 같아. 나 그냥 시험 안 볼래."라는 이야기를 꺼냅니다. 그러면 학부모님은 "엄마가 시킨 게 아니라, 네가 원해서 시작한 거잖아. 그때는 하고 싶다고 했으면서 이제 와서 또 안 하겠다고? 왜 이렇게 변덕스러워?"라는 말로 아이를 나무라고, 아이의 끈기 없는 태도에 실망할 수밖에 없습니다.

그런데 학부모님, 아직 초등 아이들은 많은 걸 다 직접 경험해 본 게 아니기 때문에 처음부터 어떤 활동이 자신에게 잘 맞을지 알 수 없습니다. 공부뿐만 아니라 예체능도 마찬가지고요. 그러니 아이가 처음에 피아노 배우고 싶다고 했다가 2~3개월 후에 그만하고 싶다는 말하는 것도, 아이의 변덕스러움이나 끈기 부족이 아니라, 초등 아이들이 보이는 지극히 자연스러운 모습이라는 것이죠.

그런데 아이들이 특정 활동을 힘들어할 때, "네가 원해서 시작한 거잖아. 네가 선택한 건데 왜 또 그래? 너는 왜 뭐 하나를 진득하게 하지 못해?"라는 말로, '자신의 선택을 바꾸는 행위'를 '잘못된 행동'으로 규정하시는 학부모님들이 정말 많습니다. 이러한 학부모님의 말하기가 반복되면, 언뜻 볼 때 아이가 끈기가 생긴 것처럼 보이지만, 아이 본인에게 전혀 맞지 않는 방식으로 공부하고 있는 것일 수도 있고, 학원이 도움이 되지도 않고 있는데도 부모님의 잔소리가 싫어서 그저 잘 적응하고 있는 척, 이해하고 있는 척, 잘 따라가고 있는 척하는 것일 수 있습니다. 이러한 '척'하는 모습이 지속되면, 아이의 공부 지속력은 떨어질 것이고, 아이의 마음속에서는 계속해서 불만과 스트레스가 누적될 수밖에 없을 겁니다. 겉코기에는 군말 없이 자기 할 일을 하는 아이로 보일 수 있겠지만요.

임민찬 작가가 제시하는 바른 말하기 방법

그러니 앞으로는 아이가 선택한 공부에 대해서, 아이가 마음이 바뀌어서 힘들어하고 그만하고 싶어 할 때는, 아이의 이런 모습이 잘못되었다고 이야기하거나 그렇게 끈기 없는 태도는 안 된다며 지적하지 마세요. 초등 아이라면 누구나 자연스럽게 겪는 과정이지, 지적받을 만한 행동이 아닙니다.

어른들도 처음에는 드라마가 재미있어 보여서 시작해 놓고, 막상 보다 보니 재미가 없어서 안 볼 때도 많잖아요. 어른들도 처음에는 어떤 일이 적성에 맞아 보여서 시작해 놓고, 막상 해 보니 자신과 안 맞아 다른 직장으로 옮기는 경우도 많잖아요. 그런데 유독 아이한테만 '마음이 바뀐 행위'에 대해 나무라는 건 정말 큰 욕심입니다.

그러니 앞으로는 "그거 공부하느라 힘들었구나. 이렇게 말해 줘서 고마워."라는 말로 일단 공감해 주시고 그 말을 꺼내 줘서 고맙다는 말도 꼭 덧붙여 주세요. 자신의 마음이 바뀌었다는 걸 말로 표현하는 건 정말 소중한 일이고 감사한 일입니다. 그렇게 표현하지 않았더라면 아이의 마음을 모르고 그저 잘 따라가고 있다고 착각할 수도 있었던 거니까요. 그리고 나서는 '끈기'라는 가치를 좀 더 부드럽게 알려 주시면 좋겠어요.

"그런데, 이번에 하게 된 공부는 네가 원해서 시작을 한 거니, 딱 2주만 엄마랑 같이 더 힘내서 공부해 볼까? 힘들어도 끝까지 해 보는 태도가 멋있는 거고, 엄마는 네가 충분히 그렇게 해낼 수 있다고 믿어! 2주만 더 해 보고 그래도 힘들면 그때는 다시 엄마랑 이야기 나눠 보자."

이렇게 지금 하고 있는 건 아이가 원해서 시작한 거라는 사실도 짚어 주시고, 대신 바로 그만두게 해 버리면 끈기가 부족해질 수 있으니, 아이가 어떤 공부를 힘들어하더라도, '2주'라는 시간처럼 구체적인 기간을 정해 주시고, 이 기간 동안 다시 마음먹고 열심히 해 보자는 말로 응원과 격려를 해 주시면 좋겠습니다.

그리고 이를 통해 아이에게도 '하기 싫은 공부'가 있다고 해서 곧장 그만둘 수 있는 게 아니라, 내가 선택한 건 그래도 책임을 지고 좀 더 노력해 보는 게 맞다는 걸 부드러운 톤으로 전달해 주시면 좋겠습니다. 이렇게 2주라는 시간을 주었는데도 아이가 너무 힘들어하면 그때는 진지하게 정리해야 할 시기일 수 있겠습니다.

이렇듯 아이가 처음에는 '자신이 원해서' 시작한 공부였는데, 막상 하다 보니 아이가 하기 싫다고 하는 일들이 많을 것입니다. 그럴 때는 아이에게 네가 선택해 놓고 왜 늘 그런 식으로 진득하게 못 하냐며 '지적'이나 '비난'을 하기보다는, 공감과 함께 좀 더 끈기를 가지고 해낼 수 있는 힘을 만들어 주시면 좋겠습니다. 이 과정에서 아이가 공부를 성실히 해내는 데에 필요한 능력도 함께 길러질 것입니다.

아이의 공부 지속력,
부모의 역할이 중요합니다

많은 초등 학부모님이 아이가 공부를 잘 해내길 바라십니다. 때로는 성적이 좋지 못하더라도 그 과정 속에서 아이가 삶을 대하는 올바른 태도를 배우길 바라시죠.

초등 아이들이 공부를 점점 멀리하게 되는 건 내용이 어려워서가 아닙니다. 아이의 수준에 맞지 않는 공부를 시켜서인 경우가 대부분입니다. 초등 6년 교육 과정은 그 나이의 초등학생이라면 누구나 소화할 수 있도록 설계되어 있습니다. 내용이 어려워서 공부를 싫어하는 게 아닙니다. 내 아이를 자세히 들여다보고 아이에게 맞는 공부를 시켜 주는 게 정말 중요하고, 그렇게 할 수 있으려면 앞으로도 초등 학부모님이 아이의 공부에 무한한 관심을 가져 주셔야 합니다.

어차피 공부는 아이가 하는 거라고요? 그건 중고등 때나 통하는 이야기죠. 이제 겨우 초등학생인 아이는 모든 게 처음입니다. 모든 게 낯선 시기죠. 아직 왜 공부를 해야 하는지도 모를 시기인데, 처음부터 초등 아이가 혼자서 플래너를 쓰고, 혼자서 복습을 하고, 혼자서 숙제 이외의 공부를 찾아서 하길 바라는 건 학부모의 욕심일 뿐입니다. 학부모님도 초등학생 때 그러지 못하셨는데도 불구하고, 이미 학부모님은 중고등까지 경험하셨다 보니 눈이 높아져 있는 경우가 많더라고요.

학부모님, 아이가 스스로 공부하는 아이가 되기를 바라시나요? 그렇다면 가장 중요한 건 초등 때부터 올바른 '공부 습관'을 만들어 주는 것입니다. 매일 밥을 먹고 양치질을 하는 것과 같이, 공부도 당연히 매일 하는 거라는 인식을 만들어 주는 게 가장 중요해요. 물론 여기에 적당한 동기 부여, 적당한 꿈이 함께 들어가면 좋겠지만, 그게 없더라도 '습관'이 만들어지는 순간, 결국 아이가 스스로 해내는 순간이 찾아올 겁니다.

습관은 하루아침에 찾아오지 않습니다. 학부모님은 아무것도 하지 않고 학원만 보내시면서 '언젠가 아이가 혼자서 하겠지?'라고 생각하는 건 헛된 기대입니다. 조금 힘드시더라도, 사소한 공부 습관부터 학부모님이 아이와 함께 차근차근 매일 하루도 빠짐없이 함께 해나가면서 공부가 당연하다는 인식을 심어 주세요. 그리고 어른들도 습관 하나 만드는 게 힘든데, 초등 아이는 그 과정이 더욱더 험난할 수 있다는 걸 꼭 기억해 주시면 좋겠습니다.

마음이 조급해지는 순간, 학부모님은 아이에게 소리를 지르게 되고, 감정적으로 화를 내고 짜증을 내게 될 수 있습니다. 하지만 아무리 답답한 상황 속에서도 아이의 공부에 대해 감정적으로 반응하시면 안 됩니다. 아이에게 알려 줄 부분이 있다면 때로는 단호하게 알려 주되, 절대로 감정이 들어가서는 안 됩니다. 감정을 빼고, 선생님이 학생을 대하듯 할 줄 알아야 합니다.

부모가 아이와 공부 때문에 다투는 일이 반복되면 아이는 부모를 싫어하게 되는 게 아니라, 나와 내가 사랑하는 엄마, 아빠의 사이를 틀어지게 만든 '공부'를 싫어하게 됩니다. 아이가 수학 공부에 대한 거부감이 생기는 1순위 원인은 수학이 어려워서가 아닙니다. 수학으로 인해 부모님과의 갈등이 반복되었기 때문이고, 그 속에서 아이 수준에 맞는 수학 학습을 시켜 주지 못하셨기 때문입니다. 그만큼 아이의 공부 지속력에 있어서 부모님과 아이와의 단단한 관계가 핵심입니다.

공부는 평생 해야 하는 것입니다. 초등학교, 중학교, 고등학교, 대학교를 졸업하고 취업을 해서도, 심지어 부모가 되어서도 공부는 끊임없이 계속됩니다. 그 공부 지속력의 시작이 바로 초등 시기입니다. 그만큼 초등 시기는 인생 전반에 필요한 공부 자세를 배우는 시기입니다.

이 책을 읽으면서 그동안 아이를 대했던 모습이 반성이 되신다고요? 괜찮습니다. 아직 아이는 초등학생이고, 지금부터 학부모님이 하나하나 노력해 주시면 충분히 다시 긍정적인 공부 지속력을 키워 나갈 수 있습니다. 아이는 부모의 모습을 보고 배웁니다. 부모님이 먼저 아이를 위해 노력하는 모습을 보인다면, 분명 아이도 조금씩 더 나은 방향으로 변화할 것입니다.

이 책을 읽은 여러분은 이제 아이의 공부 지속력을 향상시킬 모든 준비를 마쳤습니다. 이제는 실천만 남았습니다. 공책 하나를 펼쳐서, 어떤 것부터 실천해 볼지 우선순위부터 정해 보세요. 책에 나온 걸 한 번에 다 실천하려다 보면 분명 쉽게 지치고 포기하게 될 것입니다. 차근차근 하나씩 실천하다 보면 분명 해낼 수 있습니다.

초등 학부모님, 저는 여러분이 아이의 공부 지속력을 키워 낼 수 있다고 믿고 있습니다. 그러니 앞으로도 우리 초등 아이의 올바른 공부 지속력을 위해 저와 함께 한 걸음 더 나아갈 수 있기를 간절히 바랍니다.

힘들어도 끝까지 해내는 아이는 무엇이 다를까

초등 공부 지속력

초판 1쇄 발행 2026년 1월 15일
초판 2쇄 발행 2026년 2월 19일

글쓴이 임민찬
펴낸이 민혜영
펴낸곳 카시오페아
주소 서울특별시 마포구 월드컵로14길 56, 3~5층
전화 02-303-5580 | **팩스** 02-2179-8768
홈페이지 www.cassiopeiabook.com | **전자우편** editor@cassiopeiabook.com
출판등록 2012년 12월 27일 제2014-000277호

ⓒ임민찬, 2026
ISBN 979-11-6827-395-5 (03590)